国网安徽电力运检业务职工创新项目集

国网安徽省电力有限公司设备管理部 　组编

中国科学技术大学出版社

内容简介

为进一步贯彻国家"大众创业，万众创新"的要求，落实国家电网有限公司创新驱动发展战略，提高运维检修效率效益，国网安徽省电力有限公司设备管理部组织开展了两届运检业务职工创新实践活动，《国网安徽电力运检业务职工创新项目集》由该活动中获得奖项的40个项目汇编而成。

本书包括变电类、输电类、电缆类、配电类、智能运检类5个专业40个项目，各项目均包括研究目的、研究成果、创新点和项目成效4个方面内容。

本书可供电网企业从事运维检修工作的技术人员和管理人员学习、培训使用，也可供电力行业及设备生产厂家相关专业人员、大专院校相关专业师生阅读参考。

图书在版编目(CIP)数据

国网安徽电力运检业务职工创新项目集/国网安徽省电力有限公司设备管理部组编.—合肥:中国科学技术大学出版社,2019.11
ISBN 978-7-312-04805-0

Ⅰ.国… Ⅱ.国… Ⅲ.①电力系统运行—项目—汇编 ②电力系统—检修—项目—汇编 Ⅳ.TM7

中国版本图书馆CIP数据核字(2019)第237094号

出版	中国科学技术大学出版社
	安徽省合肥市金寨路96号,230026
	http://press.ustc.edu.cn
	https://zgkxjsdxcbs.tmall.com
印刷	安徽联众印刷有限公司
发行	中国科学技术大学出版社
经销	全国新华书店
开本	787 mm×1092 mm 1/16
印张	17
字数	343千
版次	2019年11月第1版
印次	2019年11月第1次印刷
定价	108.00元

本书编委会

主　编　江和顺

副主编　邱欣杰　王吉文　张　健　王刘芳

编　委　季　坤　田　宇　刘文烨　黄道友　凌　松　严　波
　　　　　杜蓓蓓　吴　昊　朱胜龙　柯艳国　周远科　甄　超
　　　　　李坚林　罗　沙　谢　佳　戚振彪　郝　雨　徐　飞
　　　　　胡跃云　赵永生　操松元　方登洲　郭可贵　张征凯
　　　　　康　健　王　翀　谭玉茹　马骁兵　秦少瑞　李宾宾
　　　　　程登峰　朱太云　杨　为　赵　成　张晨晨　秦金飞
　　　　　夏令志　张国宝　尹睿涵　杨海涛　白　涧　汤建华
　　　　　曹元远　周明恩　朱德亮　朱　宁　胡良焕　王宜福

序

党的十九大报告指出,创新是引领发展的第一动力,是建设现代化经济体系的战略支撑。国网安徽省电力有限公司认真贯彻落实国家及国家电网有限公司的创新发展战略,守正创新,稳中求进,坚持问题导向、需求导向,激励引导广大干部职工立足岗位创新创效,破解难题,激发内生动力。职工创新立足工作现场、着眼质效提升、致力推广应用,是落实"大众创业,万众创新"战略的充分展示,对提升运检业务安全、质量、效率和效益发挥了重要作用。

近两年来,国网安徽省电力有限公司持续推进职工创新,组织开展了两届运检业务职工创新实践活动。两次活动成果内容丰富多彩,发布形式灵活多样,涵盖面广,实用性强,充分展示了广大职工饱满的创新热情、基层员工蓬勃的创新活力,更体现出运检人才队伍扎实的专业技能和积极向上的良好形象。

《国网安徽电力运检业务职工创新项目集》是对这两届创新实践活动的总结和展示。该书的出版,将进一步推动创新成果的转化、推广和应用,加快将职工创新实践活动中涌现出的优秀成果应用到生产一线、及时转化为现实生产力的步伐。

不忘初心,砥砺前行;面向未来,永不止步。让我们继续携手共进,拼搏奉献,抢抓发展机遇,开创美好未来。以奋力争先的勇气和担当,加快创新能力建设,加快创新创效步伐,用创新开启智能运检新时代!

2018年12月

前 言

近年来，国网安徽省电力有限公司（以下简称"国网安徽电力"）积极响应国家"双创"号召，弘扬工匠精神，开展了两届以"创新开启智能运检新时代"为主题的运检业务职工创新实践活动，旨在充分调动一线员工创新创意的热情与活力，深度挖掘运检业务生产实践中的各种发明、创造和革新，解决生产现场实际问题，全面提升运检效率效益。

该活动得到广大基层单位的积极响应，职工参与热情高涨，最终国网安徽电力系统16个市公司及9个直属单位研发创新成果419项。经过层层选拔，共有40项创新成果分别入围两届活动的决赛，并最终获得奖项。现将获奖的40项优秀成果汇编成册，并计划在后期逐步进行成果转化及推广应用。

本书由国网安徽电力设备管理部组织编写，由于时间仓促，书中难免存在疏漏之处，望广大读者批评指正。

编 者

2018年12月

目　录

序 ·· i
前言 ··· iii

变 电 篇

项目1　气体绝缘电气设备运维检修作业平台 ··003
项目2　柔性特高压GIS局部放电在线智能定位装置 ···010
项目3　变电站便携式气动短路接地装置 ··015
项目4　变电站用电瓷件在线监测装置 ···024
项目5　基于"视频图像识别"的变电站室外火灾智能监测预警系统 ····································031
项目6　GIS设备同频同相交流耐压试验装置 ··036
项目7　便携式带电除异物装置 ···040
项目8　基于移动式变电站的电网负荷转移技术 ···048
项目9　用于变电设备精确测温的移动式升降云台 ··054

输 电 篇

项目1　1000 kV特高压同塔双回输电线路带电作业工艺及工器具 ····································061
项目2　线路避雷器地电位安装工器具 ···069
项目3　带电拆除导线异物专用工具 ··074
项目4　基于激光扫描技术的输电线路智能巡检管控平台 ··079
项目5　输电线路直线角钢塔避雷线提升吊点工器具 ···087
项目6　架空地线腐蚀检测仪 ···092
项目7　输电线路无人机测距装置 ··099
项目8　多回路杆塔防误登闭锁装置 ··106
项目9　多功能杆塔接地电阻测量箱 ··110

电 缆 篇

项目1	智能型集中吸入式电缆火灾极早期预警装置	117
项目2	基于信息化的高压电缆立体式台账管理方法	124
项目3	配网T形电缆头专用接地线	129
项目4	新型电缆半导电层倒角工具	134
项目5	高压电缆综合管控平台	139
项目6	新型井内电缆升降装置	145

配 电 篇

项目1	配电网带电接火自动装置	153
项目2	智能三相不平衡治理开关	161
项目3	配变台区标准化验收APP	171
项目4	移动式工厂化预制作业平台	178
项目5	10 kV配网带电清障机械臂	187
项目6	配网线路绝缘修复机器人	194
项目7	输配电线路移动巡检系统	199
项目8	配网设备状态精准预警系统	204

智能运检篇

项目1	配网运维管控移动APP	213
项目2	省地县一体化网损在线计算与分析系统	221
项目3	PMS设备台账数据分析小助手	227
项目4	用于(超)特高压变电运检工作中的三维全景感知技术	233
项目5	便携式配电站智能巡检机器人	238
项目6	变电设备状态管控掌上通	243
项目7	一种智能变电站保护运行信息可视化诊断技术	250
项目8	基于运维数据分析的特高压站设备状态诊断评价系统	256

变电篇

项目1
气体绝缘电气设备运维检修作业平台

国网合肥供电公司

一、研究目的

近年来,六氟化硫(SF_6)气体绝缘电气设备由于安全性高、维护量低、占地面积小等优点,越来越多地应用到了变电站中。但随着装备量的增长,设备漏气、控制回路开断等缺陷也逐渐增多,给设备的运检工作带来较大困扰。现有的检修装备存在通用性差、不满足技术规程要求、作业效率低下等诸多缺憾,不能很好地适用于现场作业环境。本项目研究开发了一个气体绝缘电气设备的运维检修作业平台,集成常用检修作业功能,采用模块化通用设计,兼容市场常见设备接口,符合技术指标要求,适用于现场作业环境,使气体绝缘设备的检修效率及检修质量得到大幅提升,也使检修作业安全风险显著降低。

二、研究成果

本项目研制的气体绝缘电气设备运维检修作业平台是一个集气瓶运输、充装辅热、气体余量控制、真空度检测、快装式工具、数字化电源、二次回路校验等功能于一体的作业平台,很好地解决了气体绝缘设备传统运维工作中存在的气瓶手工搬运、原材料冗余浪费、二次回路校验缓慢等问题,进一步解放了生产力,提高了检修质量和工作效率。图1.1.1为该平台实物图,图1.1.2为该平台原理架构图。

图1.1.1　气体绝缘电气设备运维检修作业平台

图1.1.2　气体绝缘电气设备运维检修作业平台原理架构图

该平台由以下几个功能单元组成：

1. 气瓶运输单元

采用钢结构和三角轮设计，承重稳固，快捷高效，实现了不同平面的垂直运输，在楼梯、草地、石子路面等恶劣路况下移动轻便灵活，大幅提高了气瓶搬运的机动性和安全性。如图1.1.3所示。

图1.1.3　气瓶运输单元

2. 气瓶辅热单元

辅热单元内置电热丝和温度调节器,可对气瓶内部气体气化过程进行有效控制,降低充装过程中水分侵入的风险,提高SF_6气体的利用率,节约成本。如图1.1.4所示。

图1.1.4 气瓶辅热单元

3. 气体余量控制单元

采用传感器采集压力信号,结合充装环境的湿度及温度条件,计算气瓶内部气体余量,并将相关信息数字化、可视化,配合气瓶辅热功能,可以实现SF_6气瓶剩余气体的定量控制。如图1.1.5所示。

图1.1.5 气体余量控制单元

4. 真空度检测单元

采用皮拉尼真空传感器和16位高精度微处理器,代替传统水银麦氏真空计,实现了SF_6设备真空度自动化实时全过程监测,安全可靠,测量精度高达0.1 Pa。如图1.1.6所示。

图1.1.6　真空度检测单元

5. 快装式充气组合工具

开发了适用于不同厂家、不同类型设备的通用接头组合工具,利用通用接头和快装卡箍,实现充气回路的快速组装以及与设备接口的通用对接,携带方便,安装便利,连接牢固。如图1.1.7所示。

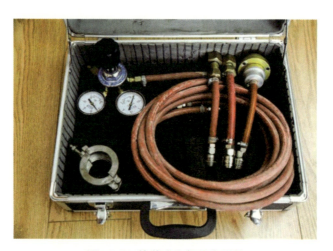

图1.1.7　快装式充气组合工具

6. 自动排线数显电源

集自动收放线、电能参数监测和智能保护功能于一身的检修电源系统,操作方便,收线整齐,提高了工作效率和安全性,适用于现场各类检修环境。如图1.1.8所示。

图1.1.8　自动排线数显电源

7. 二次回路校验仪

采用单片机和光耦隔离件设计,能够同时对24条控制回路的导通闭合、信号损益、电路连接等开展校验工作,大大提高了电气设备保护控制回路检修校验工作的安全性和可靠性。如图1.1.9所示。

图1.1.9　二次回路校验仪

通过上述功能的实现,很好地解决了GIS等气体绝缘电气设备传统运维工作中存在的难点和弊端,使日常工作变得更加安全、快捷、高效,同时极大地节约了作业成本,提高了检修质量,保障了电网可靠供电。

三、创新点

本平台的研制将微电子技术和数字化信息技术加以整合,实现了气体绝缘设备运维检修作业的数字化、自动化和精确化,突破了原先功能模块相互独立、配套工具不相兼容、检修资源冗余浪费、作业平面局限单一等诸多弊端,使运检工作更加安全、快捷、灵活。

气体充装作业单元采用温度、湿度、真空度等多维度数字传感器,收集运检作业各项关键参数,并将模拟信号进行数字化处理,实现了充装气体时对速度、水分的精确控制。多平面运输载具的研制,有效解决了传统人力搬运的诸多不便,杜绝了搬运过程中气瓶倾倒伤人、高压容器剧烈震动等潜在安全隐患。通用工具组件则突破了传统接头、管路、阀口的配置模式,采用多接头通用设计,使拆装更为便捷,密封更加可靠。此外,电源和二次回路校验单元,则充分运用了自动控制原理,采用微型单片机、串口通信、数模转换等数字电子技术和微处理技术,实现了SF_6设备二次回路运检作业的程序化、自动化。同时,可对各模块功能进行调整和增减,具有极强的扩展性。

四、项目成效

1. 社会效益

国网合肥供电公司始终将人身、电网和设备安全放在生产经营的首要位置,气体绝缘电气设备运维检修作业平台的研制,大大提高了设备运行维护和检修作业的安全性和经济性,有效提升了电能质量。

此外,本产品的研制也为环境保护做出了积极贡献,通过提高气体的利用率,减少了化工、矿产等非可再生资源的用量;通过控制气体泄漏,减少了温室气体的排放;通过提升效率,缩短停电时间,减少了其他形式污染能源的消耗,真正践行了环境友好、绿色发展的企业理念。

本产品的研制,在节约企业资源、社会资源配置的同时,填补了运检装备领域的技术空白,充分实现了经济、社会、环境综合价值的最大化。

2. 经济效益

采用单项因素直接测定法(MTP)对成果的经济效益进行计算及分析。

MTP的通用计算公式为

$$E_m = (Q_1 - Q_0) \times (L + M + V) + F - \left(\sum_{a=1}^{n} C_n + I \right)$$

式中,E_m为按MTP方法计算出的单项成果经济效益,以现行价格计算的价值量表示。

Q_1为2016年实际检修数量,取值35台。

Q_0为2016年运用成果前的实际检修数量,取值7台。

L为成果实施后,减少的人工检修所需人工费、工时费、差旅费等机会成本,取值155元/台。

M 为成果实施后,每台设备可减少的普通运维所需工具的损耗、租赁等费用,取值 85 元/台。

V 为成果实施后,每台设备可减少的因意外停电造成的供电损失,考虑到相应电压等级和电网地位所存在的风险等级,取值 30000 元/台。

F 为成果实施后带来的边际效益,如提升了电网运行可靠性系数后,电网运行更加稳定,消除了过电压发生的概率,延长了其他设备的绝缘寿命,取值 200000 元。

C 为成果实施费,取值 60000 元。

I 为实施成果时对设备造成的结构损伤,换算成经济指标,确定为 200 元。

将相关数据代入公式,得

$$E_m = (35-7) \times (155+85+30000) + 200000 - (60000+200) = 986520 (元/年)$$

从计算结果可以看到,成果实施后每年可节省运维检修资金 986520 元,大幅降低了运维成本,提高了检修资源的利用效率,经济效益非常明显。

3. 推广应用

本项目成果通过长期的实践应用,不断完善,充分适用于现场工作实际。并已编写相应使用说明书、试验导则、检定校验规范、作业指导书等标准化作业文本,使产品的使用和维护更加标准化和规范化。此外,基于本项目的研究成果,项目组先后在多家核心期刊及重要科技刊物上发表论文 6 篇,申报发明专利及实用新型专利 4 项,对产品知识产权予以了充分保护。

2016 年,公司安全质量监察部、运维检修部等多部门组织专家对本产品予以论证,结论是本项目成果使用安全、便捷、可靠,能够有效降低现场作业人员安全风险,提高工作效率,具有较高的应用价值和推广价值。为确保该成果能运行于不同地市公司的检修作业环境,前期通过调研,进行了部分适应性的改进,使其更能贴合现场实际,适用于不同复杂工作场合,下一步将对产品予以定型并进行市场化推广。

项目成员　秦　鹏　韩　光　金　星　秦　鹏　杨玉青　李孟增　应俊杰
　　　　　　陈　杨　张午扬　田秀先　李婷婷　徐润宸　方　胜　李　庆
　　　　　　殷卫东　关少卿　傅　浩　张　翼　杨治纲　潘　超　陶伟龙

项目2
柔性特高压GIS局部放电在线智能定位装置

国网安徽电科院

一、研究目的

随着我国特高压工程建设的快速推进,以SF_6气体作为绝缘介质的气体绝缘金属封闭开关设备(简称GIS)因占地面积小、结构紧凑、电磁兼容性好等优点,在特高压项目中的应用越来越广泛,但部分1100 kV GIS自启动调试却陆续发生闪络故障,而现有在线监测装置布点稀少,难以有效捕获设备潜伏性故障。同时,GIS的安全运行对整个电力系统的稳定至关重要,特别是对于特高压等级的设备,一旦发生故障,其检修成本高、周期长,必将造成重大经济损失及社会影响。目前广泛采用特高频与超声波局放检测方法定期对GIS进行局放检测,但由于该检测技术的不成熟,加之特高压设备状态检测经验的缺乏,对其内部放电故障类型的判断、缺陷位置的定位及故障的超前诊断仍处于探索阶段,对运行中GIS的绝缘状态仍缺乏有效的评价方法。而GIS内可能因生产制造或长期运行中出现的潜伏性异物而导致不同程度的局部放电,长期放电会引起设备绝缘劣化,如果不能及时发现和处理,可能会产生击穿或闪络,造成严重后果。开展柔性特高压GIS局部放电在线智能定位装置研制,对于及时掌握设备内部缺陷状况,实现设备的状态评价、风险评估以及状态检修具有重要意义。对电气设备的局部放电进行状态监测是评估设备绝缘状况的重要手段,也是发现设备潜伏性故障,实现故障预警,避免事故发生的最有效措施之一。

二、研究成果

本项目开展了柔性特高压GIS局部放电在线智能定位装置的研制,主要利用无线组网技术,实时、连续检测疑似异常气室局部放电信号,并能够完成不同时间段局部放电数据的采集、处理和分析,显示各传感器检测数据的变化趋势;具备电压、电流、气压及温度采集接口,进而可综合判断异常气室局部放电变化趋势及规律,对特征图谱进行自动预警,动态记录气室完整局部放电过程,为提前发现GIS内部放电隐患,进一步提高故障发现的准确性积累经验,确保特高压变电站安全稳定运行。该装置除后台监控单元及传感器外,所有的组成部分均布置在一个小的机柜内,便于移动和现场使用,采用远程控制,可实时查看检测数据,既提高了工作效率,又可实时掌握监测点的动态数据。装置可记录传感器采集到的每个放电脉冲的精确时标,利用智能统计算法对大量脉冲到达时间进行统计,实现对局放源的定位。主要研究成果如下:

(1) 基于移动物联网的多传感器前置融合传输技术研究。多传感器前置融合传输技术的研究是整个项目的基础,采用移动物联网无线通信技术,对各传感器信息进行合理支配和使用,使其在时间和空间上的冗余或互补信息按照IEC61850等规约进行组合,来获取被测对象的一次性解释或描述。多传感器前置融合传输技术主要包括多信号源传感技术、信号调理技术、数字化采集技术和数据分析处理技术。主要研究多通道特高频、超声传感器数据的一致性、差异性及其判断标准。

(2) 通过对检测得到的超声波、特高频局部放电信号的处理分析,兼顾气室内部气压、现场温度等方面的数据,对被监测设备进行状态评估和局放精确定位,实现远程控制与前端检测的隔离,可随时随地对前端检测数据进行分析和控制,实现长期、连续的全天候无人值守监测,实时掌握设备绝缘状态的发展趋势。

(3) 组装完成的GIS局部放电在线智能定位装置不局限于固定站点、固定位置检测,可机动式安装、检测,对于存在疑似缺陷的位置,可直接对其进行"重症监护",效率高,针对性强。采用无线组网、组态模式,系统功能单元设计IP化、小型化、集成化;可远程控制、实时查看检测数据,极大地解放了现场劳动力,既提高了工作效率,又可实时掌握监测点的动态数据。

研究成果如图1.2.1、图1.2.2所示。

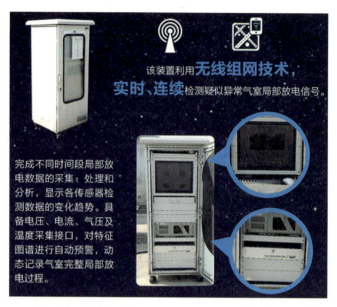

图 1.2.1　柔性特高压 GIS 局部放电在线智能定位装置

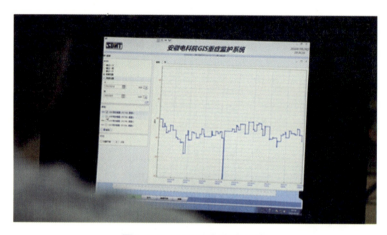

图 1.2.2　GIS 重症监护系统

三、创新点

自 2007 年国家电网公司不断深化电网设备状态检修工作以来,带电检测技术在公司系统内得到广泛的应用,在 GIS 的绝缘缺陷检测中发挥了重要作用。本项目研制出一套柔性特高压 GIS 局部放电在线智能定位装置,大幅降低了当前公司技术人员在现场依靠示波器人工定位的复杂性及耗时,实现了无人值守监测,可实时掌握设备绝缘状态的发展趋势。

(1)项目利用智能统计算法对特高压 GIS 局部放电缺陷进行自动定位,软件可自动记录传感器采集到的每个放电脉冲的精确时标,取代高速示波器在 GIS 局部放电缺陷定位中的应用,将局放源定位精度提高到了25 cm,如图1.2.3所示。

图1.2.3　利用智能统计算法对特高压GIS局部放电缺陷进行自动定位

(2) 项目引入机动式重症检测概念,组装后的柔性特高压GIS局部放电在线智能定位装置,除后台监控单元及传感器外,所有的组成部分均布置在一个小的机柜内,便于移动和现场使用。整套装置采用远程控制,可实时掌握监测点的动态数据,直接对疑似缺陷气室实施长期重症监护,实现无人值守监测,实时掌握设备绝缘状态的发展趋势,如图1.2.4所示。

图1.2.4　实施远程控制,实时掌握设备绝缘状态的发展趋势

(3) 项目提出了多参数指标分析,具备设备局放、电压、电流、内部气压、环境温度等采集接口,可用于研究局部放电与相关参数的变化趋势,为局部放电的危险度评估提供重要依据。

四、项目成效

现场的GIS设备内部绝缘缺陷,容易导致设备内部绝缘劣化,严重影响设备安全运行,甚至出现爆炸、烧毁的情况,造成巨大的经济损失。应用本项目研制的在线智能定位装置,可及时发现设备内部缺陷,并采取相应措施,防止由于设备内部局部放电缺陷导致的突发性设备故障,避免设备故障造成的直接经济损失(包括设备损失和电量损失)和间接经济损失(停电引起的损失),隐含的经济效益巨大。该绝缘监测系统成功发现并避免一次特高压设备故障,所挽回的损失即可达项目投入成本的数倍甚至十倍以上。

  项目研制成果可节省每座特高压GIS变电站在线监测装置施工成本、后台成本及前端布点成本约1000万元,以省内的特高压芜湖站、淮南站为例,即可节约成本约2000万元。项目研制的智能定位装置可以兼做现场局放带电检测仪器使用,一机多用,若以每座特高压站配置3台局放类检测仪器为例,采用此成果可节约成本约400万元。此外,本项目研制的成果使用机动、灵活,可直接布置在疑似异常点处,有针对性地进行长时间的监测,跟踪绝缘变化趋势,其经济投入较在线监测系统要低一个数量级以上。如图1.2.5所示。

图1.2.5 效益分析

项目成员 杨 为 李宾宾 叶剑涛 朱太云 朱胜龙 程登峰 傅 中 陈 忠

项目3
变电站便携式气动短路接地装置

国网安徽检修公司

一、研究目的

接地线是电力系统中为了在已停电设备及线路上意外出现电压时保证工作人员安全的重要工具,其作用是在高压设备进行停电检修或其他工作时,防止设备突然来电或邻近高压带电设备产生感应电压对人体的危害,同时泄放断电设备的剩余电荷。目前常用的分相式、合相式接地线及常用接地棒如图1.3.1所示。

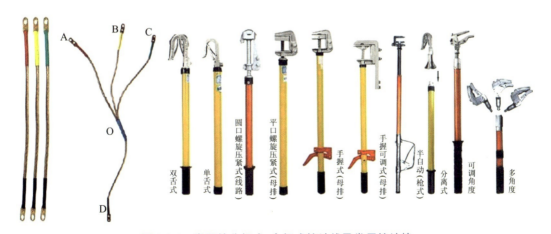

图1.3.1 常用的分相式、合相式接地线及常用接地棒

安装和拆除临时接地线是电力系统中一项重要的安全措施。目前在变电设备检修工作中通常采用短路接地线,利用绝缘操作棒将其挂在导线上。然而,对于500 kV敞开式超高压设备以及1000 kV特高压设备,由于设备安全距离较大,设备安装高度较高,采用绝缘杆人工挂接地线的方式往往难以实现,采用斗臂车、升降平台等登高工具,往往又费时费力。

目前国标规定应用于 500 kV 设备及输电线路的常规接地操作棒总长度最长为 5500 mm，实际测量最多有 6200 mm 规格的。在实际工作现场，即使采用最长的接地操作棒，工作人员也至少要在离地面 3 m 左右的高处挂接地线，由于 500 kV 接地线重量较大，同时接地棒长度过长，在这种情况下，工作人员依靠手动挂线时存在高空跌落风险和感应电触电风险。如图 1.3.2 所示。

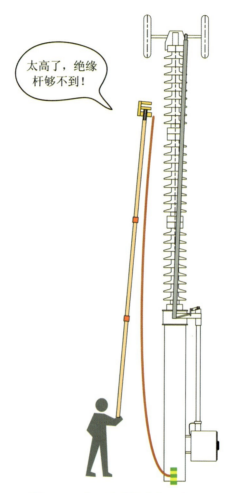

图 1.3.2　人工挂设接地线示意图

目前 500 kV 及 1000 kV 设备挂设接地线的主要方式是采用斗臂车。变电站分布范围较广，每次停电，斗臂车往往需提前一日到达变电站现场，同时由于涉及特种车辆高空作业，需配备驾驶员、斗臂车操作人员、特种作业指挥人员等，方可进行接地线装设工作，整个过程耗时较长，使得应急抢修及检修工作浪费大量的时间。另一方面，使用斗臂车使现场的风险系数增大，管控难度加大，增加了设备损坏、人员感应电触电和高空坠落的风险。

针对这种情况，本项目设计了一种移动式接地装置，体积小、重量轻、操作简单、安全可靠。通过该接地装置,能够拓展人工接地的范围,对设计高度较高的超高压、特高压户外敞开式电气设备进行安全接地。

目前各变电站还没有采用气动原理的伸缩式接地装置,也没有采用可控式动触头实现接地的主动式接地装置,因此本项目设计的变电站便携式气动短路接地装置属于首创。项目研究成果填补了国内外短路接地装置研究空白,并已获得国家实用新型专利和国家发明专利授权。

二、研究成果

1. 结构设计

该短路接地装置主要包括气动式桅杆、抱箍、可控式动触头、控制器、减震装置、小型气泵、接地线自动收纳盘等部件。

电气设备停电后,首先将气动式桅杆通过抱箍与电气设备支柱连接(也可通过三脚架直接放在地上),并将升降装置接地线与现场地网固定接地点进行可靠接地。

伸长气动式桅杆后,将连接有接地线的动触头推至检修设备导电部分正下方,工作人员通过在地面操作远控开关,控制动触头电动推杆动作,使抓钳夹紧设备导电部位,实现设备接地。

短路接地装置结构图如图1.3.3所示。

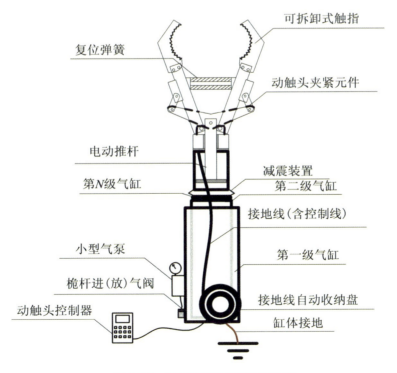

图1.3.3 气动短路接地装置结构图

短路接地装置主要参数为：设备垂直伸展幅值最高可达到10 m，并可连续调节；伸展速度0.1 m/s；多种固定方式适用于变电站的复杂环境；接触电阻不大于20 μΩ；整体质量30 kg，便于运输及接地线安装。

2. 装置部件设计

（1）气动式桅杆

使用时，气动式桅杆通过小型气泵向气缸内注入和排出空气，实现各节气缸的上升和下降运动。气动升降杆结构简单，制造工艺精密，因此使用方便、性能稳定。

（2）抱箍

短路接地装置通过8字形抱箍固定在设备支柱上。电气设备支柱侧抱箍大小可以调节，适用于多种规格的支柱，抱箍中间具有调节装置，可以灵活调节气动式桅杆与电气设备支柱间的距离。

（3）可调式三脚架

对于不适用抱箍的场所，本装置也可选配三脚架进行固定，三脚架有可调旋钮，可以调整不同地面的水平及支撑强度。

（4）接地线（含控制线）及自动收纳装置

本装置选用25 mm²接地线进行接地，满足安规要求。该接地线同时并行布置可控式动触头的控制线。接地线与控制线用耐磨护套进行保护，并通过自动收纳盘进行收纳。

（5）减震装置

本装置在动触头与缸体之间安装有减震装置，减震装置结构新颖、简单，能够在闸刀抵碰到设备时起到缓冲作用，避免设备及短路接地装置损坏。

（6）可控式动触头

地面人员通过遥控装置对动触头电动推杆进行伸缩控制，方便实现动触头分合闸操作。动触头具有夹紧元件及锁紧装置，可以保证接触良好，实测接触电阻不大于20 μΩ。动触头还可装配复位弹簧，便于在分闸时助力。

（7）可拆卸式触指

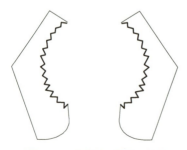

图1.3.4　可拆卸式圆口触指

图1.3.5　可拆卸式斜口触指

采用可拆卸式触指，配合动触头使用，适用于各种不同形状的待接地设备。如

图1.3.4所示的圆口触指,适用于夹住圆形导体,如均压环、导线等。如图1.3.5所示的斜口触指,适用于夹住方形导体,如铜排、铝排等。

3. 短路接地装置操作步骤

(1) 设备接地操作步骤

装设接地线的工作机理如图1.3.6所示。状态①为接地装置初始状态,气动式桅杆为收缩状态,闸刀口为打开状态。将三通装置调整为充气模式,此时装置自带的小型气泵通过桅杆气缸进(放)气阀进行充气,桅杆气缸因为膨胀将逐渐升展,最终达到预定高度(根据具体接地位置而定),如状态②所示,然后停止对伸缩式桅杆进行充气操作。地面工作人员通过操作动触头控制器,控制闸刀触头电动推杆动作,进而推动闸刀夹紧元件动作,使闸刀动触头完成对静触头的合闸操作,最终合闸状态如③所示。

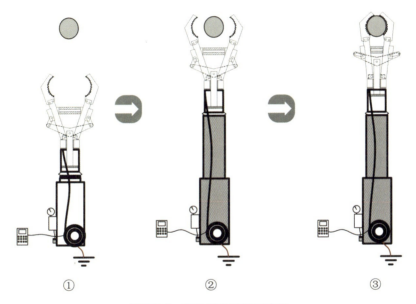

图1.3.6 设备接地操作示意图

(2) 设备接地拆除步骤

拆除接地线的工作机理如图1.3.7所示。在合闸状态①时,地面工作人员通过操作闸刀动触头控制器,使电动推杆收缩,动触头在电动推杆拉力及复位弹簧的作用下,完成分闸操作,即达到状态②,此时,将三通装置转换为放气模式,可对伸缩式桅杆气缸进行放气操作,桅杆将逐渐收缩,最终达到状态③,即恢复为本接地装置的初始状态。

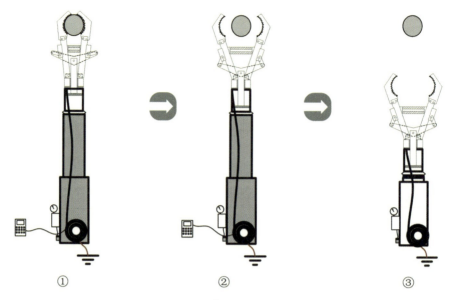

图 1.3.7 设备接地拆除示意图

以电气设备均压环为接地部位,现场安装示意图如图 1.3.8 所示。

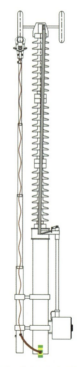

图 1.3.8 气动式短路接地装置现场应用示意图

4. 设计及制作难点

该装置设计及制作的难点:① 设计的气动式桅杆总重量不能太大,以便于运输,同时桅杆伸展高度要达到 10 m,并要求高处摆动幅度要小,所以对桅杆材质的要求较高。② 接地线自动收纳盘要做到收放自如。③ 静触头要适用于现场设备，能够在设备导电部位精确合闸，选配的静触头要与设备导电部位啮合，要保证合闸时接触电阻合格。

5. 最终设计成果

根据上述原理及要求设计的接地装置的效果图如图 1.3.9 所示。

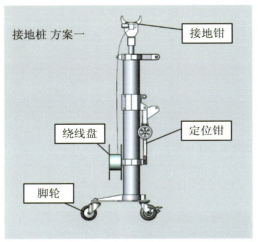
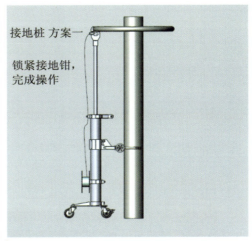

(a) 方案一

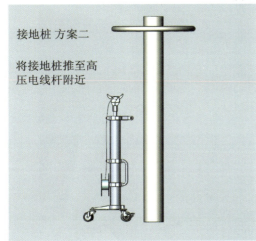
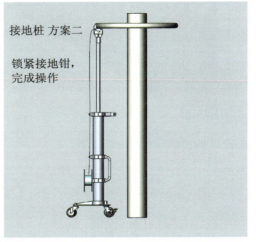

(b) 方案二

图 1.3.9 变电站便携式气动短路接地装置效果图

最终设计图如图 1.3.10 所示。

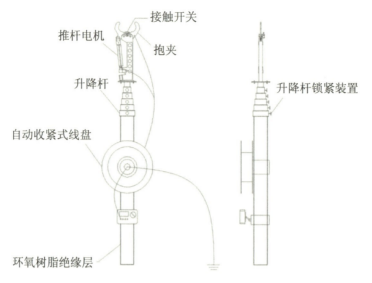

图1.3.10 最终设计图

最终制造的样品如图1.3.11所示。

图1.3.11 变电站便携式气动短路接地装置样品

三、创新点

本装置属于首创,能有效提升变电站挂设接地线工作的效率和安全性。

产品具有如下创新点：

（1）首次在接地装置中采用气动式桅杆作为伸缩装置，最大伸展高度达到10 m，超过500 kV携带型短路接地装置国家标准5.5 m的极限距离。

（2）接地线、闸刀控制线同线布置，采用统一的自动收纳装置，放线、收线迅速、方便，整体整齐、美观、简洁。

（3）可通过8字形抱箍或者三脚架对气动式桅杆进行固定，方便调整桅杆位置。

（4）可通过在地面操作遥控器，控制闸刀电动推杆动作，使静触头抓钳夹紧或松开设备导电部位，实现闸刀的合分闸。

（5）闸刀具有锁紧装置，保障可靠合闸，分闸时可配置助力弹簧，便于可靠分闸。

（6）闸刀触指可拆卸，并可更换多种型号闸刀主触头，适用于导线、均压环、铜排、铝排等多种接地点。

（7）在动触头与缸体之间安装有减震装置，能够在闸刀抵碰到设备时起到缓冲作用，避免设备及短路接地装置损坏。

（8）还可配置接地电阻测量装置，对接地状态进行定量测试。

（9）气动升降杆底部为一个三通装置，可方便地在充气模式和放气模式间切换，便于快速充放气，缩短气泵拆装时间。

四、项目成效

1. 经济效益

变电站便携式气动短路接地装置一方面可降低人工成本和工具成本，大大减少安全措施的布置时间，缩小停电时间，从而创造直接的经济效益；另一方面可代替斗臂车和操作杆的使用，保障人身安全，间接创造巨大的经济效益。

2. 社会效益

本装置可减少安全措施的布置时间，减少停电时间，保证电网的可靠运行，提高供电可靠性；保障人身安全，避免安全事故，有助于树立良好的企业形象。

项目成员　吴　胜　杜　鹏　张　纯　廖　军　贾凤鸣　黄道均　黄伟民　廖羽晗　万礼嵩

项目4
变电站用电瓷件在线监测装置

国网安徽电科院

一、研究目的

变电站用瓷支柱绝缘子、瓷套等（以下简称"电瓷件"）是变电设备的重要组成部分，应用广泛。因制造质量、安装工艺、运行老化等原因，这类电瓷件运行期间可能会出现断裂，引发电气设备故障。预防的关键在于提前检测出电瓷件表面和内部的各种裂纹和机械强度降低等缺陷。

目前常规的检测方法存在需停电、效率低、需大量专业人员等局限性，限制了检测工作的大面积开展；更为重要的是，电瓷件从裂纹萌生到开裂的过程具有很强的随机性，不易预测，可能长达数年，也可能只有短短几天，常规的预防性抽检很有可能出现漏检。随着智能电网的发展，如何实现人工替代、在线监测、智能处理，全面提升变电站电瓷件安全预警水平的需求愈加凸显。

二、研究成果

国网安徽电科院的创新团队基于振动声学探伤技术原理，利用物体固有振动频率变化规律，从装置硬件和检测判据等课题入手，研制了一套变电站用电瓷件在线监测装置，可在不停电状态下开展对电瓷件的在线实时监测，观测其机械状态发展曲线，评估安全性能，当出现异常时后台软件及时报警，实现无人操作、实时监测、智能诊断。

为实现电瓷件的在线监测功能，本项目的研究主要解决了以下三个技术关键点和难点：

（1）改变电瓷件检测信号的加载方式。

目前常规的电瓷件带电检测主要采用人工压力激发的方式（见图1.4.1），存在作业效率低及有检测死角的问题,更重要的是这种信号加载方式无法实现自动激发。

图1.4.1　人工压力激发方式

为此,本项目首创了压电激励振子装置,由接线端子、重锤、紧固螺栓、三片以上的环状压电陶瓷片、不锈钢罐体、聚能针、橡胶套、底座、内隔磁环、磁铁环、外隔磁环等组成(见图1.4.2),通电后能产生1～10 kHz的白噪脉冲,经功率放大器放大处理后,驱动力激发器产生振动信号,此振动信号施加到被测电瓷件上,使其发生纵向振动,同时接收该电瓷件的振动回波信号,经信号处理后,进行采集,通过信号控制模块控制电路的开闭,即可实现激励信号的自动加载。

(a) 实物

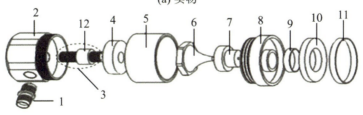

1. 接线端子；2. 重锤；3. 紧固螺栓；4. 压电陶瓷片；5. 不锈钢罐体；6. 聚能针；
7. 橡胶套；8. 底座；9. 内隔磁环；10. 磁铁环；11. 外隔磁环；12. 光杆段

(b) 内部结构图

图1.4.2　吸附式压电激励探头

(2) 建立电瓷件频谱曲线的判定依据,研发自动诊断软件,自动识别采集到的瓷支柱绝缘子和瓷套的信号曲线,判断其是否存在裂纹以及裂纹的部位等。为了得到电瓷件的诊断依据,项目开展了以下两个方面的研究:

① 电瓷件谐振动态分析。

使用 ANSYS 软件程序对瓷支柱绝缘子的振动形式进行了模拟,以 110/400 型瓷支柱绝缘子为例,共开展了多达 16 种振动形式的模拟,图 1.4.3 为部分建模结果。

图 1.4.3　部分瓷支柱绝缘子振动形式模拟

根据 ANSYS 的计算结果,可得出以下结论:对瓷支柱绝缘子底部法兰,当向其施加动态力(非运动力)载荷时,其振动包含瓷支柱绝缘子动态特性的完整信息,瓷支柱绝缘子底部法兰有缺陷(裂纹)时,会导致出现低于基本振动音调的频率,而在上部法兰区域则高于基本音调。因此,利用这一振动原理检测绝缘子的状态是可行的。绝缘子里的驻波频率由其长度和材质中的声音速度所决定。基本判据是其振幅-频率特性的不变性。高于和低于振动驻波频率的存在表明在上部或下部法兰存在缺陷。

② 电瓷件标准频谱曲线图。

本项目对多达十多组的正(异)常 110 kV 及 220 kV 的瓷支柱绝缘子开展了频谱检测试验,图 1.4.4 是其中的部分试验结果。结果表明,用声振动法检测电瓷件,其规律非常明显,特别是对 110 kV 和 220 kV 的瓷支柱绝缘子(瓷套),其谐振频率基本为 2500~6000 Hz,超出这个范围则可判定其存在异常缺陷。

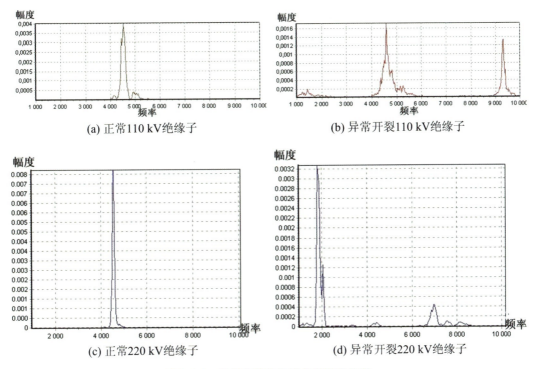

图 1.4.4 部分电瓷件频谱曲线试验结果

(3) 变电站用电瓷件在线监测装置的研制。

具体方案如图 1.4.5 所示。装置解决了 RTU 与信号控制器及激励振子间的通信问题,研制的中心站模块(见图 1.4.6)内置 RTU 及微型计算机,由计算机内置软件编辑检测序列,经 RTU 定期控制信号激发模块完成检测(见图 1.4.7),并采集电瓷件频谱曲线,返回 RTU 后经处理存入计算机内,由内置软件进行诊断,相应发出预警信号。整个检测过程全部由微机控制,实现了无人操作、智能判断、异常预警。

整套系统用太阳能电板供电,不影响系统的二次接线,其主要技术指标如下。

① 自身防护:抗高压电场辐射,抗强磁场干扰,符合 GB/T 17626.2—1998(《电磁兼容 试验和测量技术 静电放电抗扰度试验》)的规定。

② 检测范围:35~500 kV 瓷支柱绝缘子(瓷套),可带电测试。

③ 测试速度:1 分钟即可完成一只电瓷件的检测。

④ 传感器安装方式:磁力吸附。

⑤ 数据存储:可存储 7000 组测量数据。

⑥ 提示缺陷预警方式:软件预警。

⑦ 数据采集、控制、分析方式:专用软件采集、控制、分析。

⑧ 显示方法:显示分析波形、瓷支柱绝缘子(瓷套)机械性能发展曲线。

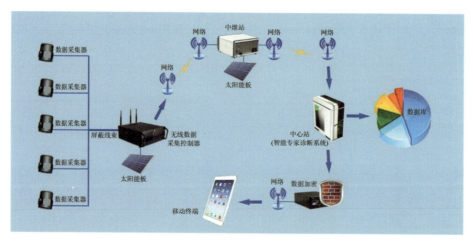

图1.4.5 电瓷件在线监测装置方案

图1.4.6 中心站模块实物

图1.4.7 信号激发模块实物

项目为国内首创,获3项发明专利及实用新型专利授权,发表核心论文3篇,研制了目前国内唯一一套电瓷件机械状态在线实时监测装置,并在安徽省电网成功试运行,结果表明其运行可靠,数据采集及时准确,设计的各模块功能正常,极大提升了现有变电站用电瓷件检测的智能化水平。部分创新成果如图1.4.8所示。

图1.4.8 部分创新成果

三、创新点

本系统具有以下创新点：

（1）首创压电方式激发噪声开展电瓷件检测的方法，并成功研制吸附式压电激励振子，实现将电能转换为白噪声输出，替代了传统的人工压力激发方式，为电瓷件在线监测装置的研制奠定了基础。

（2）开展了大量瓷支柱绝缘子的模拟计算和频谱实测试验，建立瓷支柱绝缘子的振动模型及其频谱变化规律，为电瓷件频谱曲线诊断软件的研制提供了理论支撑。

（3）首创一套变电站用电瓷件机械状态在线监测装置，利用无线互联技术将各模块实时互联，利用微机技术控制激励/采集模块完成检测，并由中心站的后台软件完成电瓷件频谱曲线的实时分析及异常预警。整套装置采用绿色供电，可在不停电状态下对电瓷件开展在线实时监测，填补了国内电瓷件在线实时监测技术的空白。

四、项目成效

项目研发的装置在国网合肥供电公司、滁州供电公司均有试运行，并成功检出滁州供电公司贺庄变断路器B相瓷套的裂纹缺陷，图1.4.9(a)为正常220 kV瓷套的频谱曲线，振幅出现在2.5~6 kHz之间，图1.4.9(b)为异常瓷套的频谱曲线，振幅出现在1 kHz左右，对比效果明显。

以一座220 kV敞开式变电站为例，每次检测全站的瓷绝缘子和瓷套，人工费用超过18万元，而本项目装备只需初装费用，后期无人工检测费用产生。更为重要的是，电瓷件爆炸开裂具有较强的隐蔽性和随机性，常规的周期性抽检容易出现漏检，而本项目装备能实现全天候无死角实时监测，其缺陷检出效率及预警功能是常规方法无法比拟的。装置可带电装卸，重复利用，特别针对保电设备、枢纽站、老旧站等重要设备的监测预警，具有广阔的应用前景，经济效益和社会效益显著。

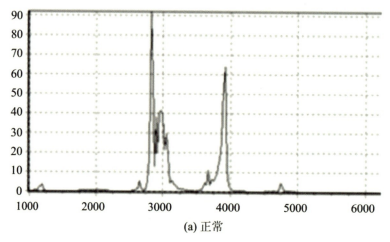

(a) 正常

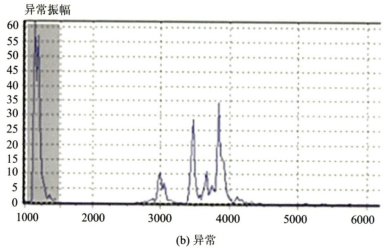

(b) 异常

图 1.4.9　滁州供电公司断路器 B 相瓷套频谱实测曲线

| 项目成员 | 王若民　陈国宏　张　涛　缪春辉　朱胜龙　甄　超　李坚林 邢明军　王　勇　滕　越　张　洁 |

项目 5
基于"视频图像识别"的变电站室外火灾智能监测预警系统

国网安徽检修公司

一、研究目的

近年来变电站因设备故障引起的火灾事故频繁发生,由于没有有效的火灾监测预警系统,很难在火灾发生初期及时发现并采取有效的处理措施,电气设备着火后蔓延迅速且涉及带电设备,扑灭困难,严重影响了电网的运行安全,甚至影响公司的社会形象。目前,普遍的应对措施是采用人工进行防火巡视和现场处置,方法原始落后,还造成管理成本上升。特别是推行无人值守模式后,变电站室外的火灾监测预警成为更大的难题。

为提高无人值守变电站火灾监测预警能力和消防响应速度,我们研究开发了基于"视频图像识别"的变电站室外火灾智能监测预警系统。

二、研究成果

本系统以变电站室外火灾的特征型火焰和烟雾专用识别算法为核心,总结提炼变电站室外火灾探测区域、报警区域划分的规则、规范,建立健全变电站室外火灾监测对象分级索引,通过变电站三维坐标精确定位火源点,准确迅速地发出火灾预警,提醒运维人员及时进行检查和处置,实现了正确率与实用性完美结合的变电站室外火灾自动监测预警方面的技术引领。系统结构如图 1.5.1 所示。

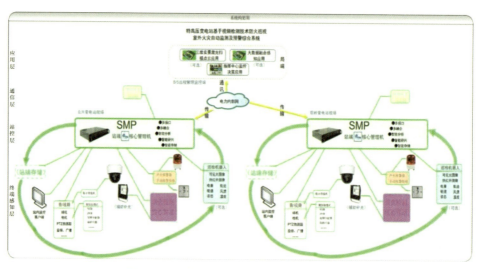

图1.5.1 变电站室外火灾智能监测预警系统

如今超、特高压变电站均已实现高清摄像头全覆盖,本系统将这些视频摄像头视作一个个视频传感器,将其用作火灾监测的感知终端,通过视频进行监测,视觉所接受的信息以光为传播媒介,保证了实时性,而丰富直观的图像信息更可为早期火灾的辨识和判断奠定基础。本系统利用三维实景点云技术建立精确坐标,还原变电站实景,变电站室外设备的大小、距离、空间遮挡,摄像机的景深、俯仰角度、视野及视场面积、预置位参数等,都可以在三维平台上进行精确计算。

三维实景点云平台如下:变电站室外火灾智能监测预警系统的核心是"视频图像识别",其原理在于对视频码流中前一帧与后一帧的图像(像素)进行比对分析,区分出"前景"和"背景",经过"背景"过滤和"前景"降噪后提取"前景"作为检测目标。火灾的判别依据简单来说就是"烟"与"火",温度升高至火苗出现前往往会伴随有烟雾产生,根据"火焰"与"烟雾"的特征提取算法对来自变电站室外的现场监控视频码流进行特征比对,即可实现对监控画面中"火焰"与"烟雾"信号的自动捕获,触发报警。

本系统具有以下特点:

(1) 以快速、复合方式进行告警,且火灾预警点位准确可靠。

(2) 通过火焰的动态特征分析(包括面积变化、边缘变化、形体变化、闪动频率、分层变化、整体移动等)实现并增强火灾预判能力。

(3) 通过烟雾的静态特征分析(包括外形变化、对比度变化)和动态特征分析(包括扩散速度、边界变化频率等)实现并增强火灾预判能力。

(4) 具有非接触式监测特点,不受空间高度、热障等环境条件的限制。

(5) 能够实现无人值守的不间断工作,自动发现监控区域内的异常烟雾和火灾苗头,并最大限度地降低误报(排除孤立亮点、受控火焰、手电筒和移动打火机等干扰)和漏报现象。

(6)可随时查看现场实时图像、回放火灾录像,根据直观的画面指挥调度火灾施救。

(7)可实现短信告警推送。

系统结构如图1.5.2所示。

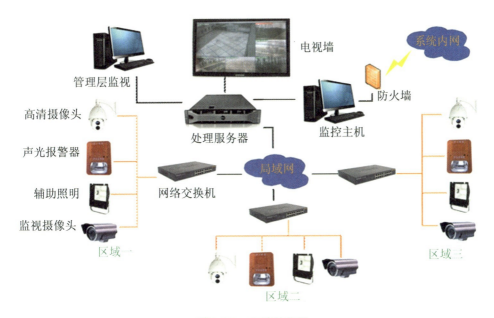

图1.5.2 系统结构图

三、创新点

本系统具有以下创新点:

(1)精确的数字信号处理。利用视频码流分析,把图像信号变成便于计算机处理的数字信号,去除干扰、噪声及差异,将原始信号变成适合计算机进行特征提取的形式。

(2)动态特征捕捉,实现智能预判预警。火灾早期的火焰是不稳定的,不同时刻火焰的形状、面积和辐射强度等都在变化。本系统通过火灾(火焰和烟雾)的动态特征分析(包括面积变化、边缘变化、形体变化、闪动规律、分层变化、整体移动),实现火灾(火焰和烟雾)的智能预判。图1.5.3(a)展示了一个燃烧点的火焰模型,它由三层火焰轮廓组成,对于图1.5.3(b)中的火焰,经过该模型捕捉可得到图1.5.3(c)所示的结果。

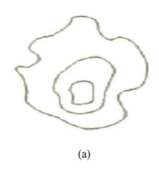 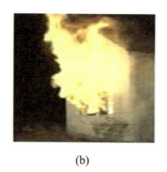 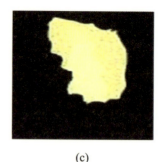

　　　　(a)　　　　　　　　　　(b)　　　　　　　　　　(c)

图1.5.3　动态特征捕捉

（3）多特征提取降低误判。基于视频图像的火灾识别算法，提取火灾图像中可疑目标区域的面积序列的自相关函数、狭度均值序列的方差等五个视频特征，综合进行判断，可降低误判，排除孤立亮点、手电筒等干扰。

（4）三维实景点云平台精确计算空间坐标，真实还原变电站全景，精确定位着火点。

（5）采取短信网关发布告警信息，火灾信息多重推送并和消防系统联动，多途径进行火灾预警，有效避免火灾预警信息不能第一时间被接收的情况。

（6）可远程查看现场火势情况，为快速扑救无人值守变电站火灾提供了一种新方法、新途径，提高了无人值守变电站的消防应急能力。

四、项目成效

（1）大大提高了变电站火灾监测的覆盖率，应用于500 kV众兴变和双岭变，火灾监测区域从2%提高到93%。

（2）实现了变电站室外火灾的自动感知、自动预警。系统可24小时不间断进行防火巡视，不仅能节约防火巡视的人力成本，还能提高火灾监测、预警的自动化水平，达到"减员增效"的目的，为"大运行、大检修"等提供科学直观、精准智能的运行维护手段，保障电力设备安全可靠运行，其直接和间接效益非常可观。可以预见，变电站室外火灾智能监测预警及处置一体化系统必将成为"三集五大"要求下变电站消防安全管控不可或缺的标准配备。

（3）提升了变电站防火安全管理水平和防火巡视的精益化、集约化水平。同时降低了变电站室外火灾监测成本，以符合"智慧＋"的创新思路强化技防与人防的结合度，实现了科技成果在电力行业的成功转化。

（4）降低了因火灾未及时发现或未及时采取有效措施而引起的事故率。如图1.5.4所示，系统一旦发现火情，会自动报警，提醒运维人员及时处理，在最佳灭火期内进行扑灭，将火灾遏制在萌芽状态。

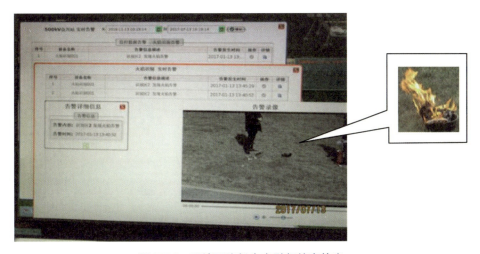

图 1.5.4　系统可降低火灾引起的事故率

（5）缩短了无人值守变电站火灾应急响应时间，为无人值守变电站的消防安全提供了新方法、新途径。

（6）系统在变电站原有摄像头和三维实景平台的基础上，只需要增加软件费用，每年不超过 5000 元，相比可能挽回的火灾造成的巨大损失，经济效益明显。

项目成员	郑晓琼　曾德龙　江海升　田　宇　汪　晓　郭龙刚　石玮佳
	柴宏博　邱曼曼　王雄奇　李宾宾　张　超　陶梦江　朱仲贤
	严太山

项目6
GIS设备同频同相交流耐压试验装置

国网合肥供电公司

一、研究目的

GIS设备具有可靠性高、维护工作量小等特点,但是在扩建过程中,需要进行工频耐压试验以考验其绝缘水平,对双母线接线的GIS扩建间隔进行交流耐压试验时,目前常规试验需要整体协调停电进行整体耐压试验,对电网可靠性和用户供电造成很大影响。

GIS同频同相交流耐压试验技术在母线带电运行情况下进行耐压试验,试验电压的频率和相位与运行母线保持一致,此时可保证隔离刀闸承受的电压幅值为运行母线电压和试验电压的绝对值之差。采用此种方式进行试验,可不用停运GIS带电间隔,缩短工作时间,减小停电范围。

二、研究成果

国网合肥供电公司创新团队在传统调感式串联谐振试验方法的基础上,创造性地融合同频同相技术,研制出一种新型GIS设备交流耐压试验装置。该装置由PT获取运行母线上的电压信号作为试验参考电压信号,通过锁相环、线性推挽放大等设备与技术,使得试验装置最终输出与运行电压信号频率、相位相同的试验电压信号。对双母线接线的GIS变电站,在新建或者改扩建间隔后进行交流耐压试验时,运行母线与被试间隔连接处的隔离刀闸所承受的电压为母线运行电压和试验电压之差,在同频同相条件下,由于这两个信号的频率和相位相同,则隔离刀闸上承受的电压幅值实为两侧电压绝对值之差,因而不会导致该隔离刀闸被击穿。在运行母线不停电的状态下对双母线接线的GIS变电站新建或者改扩建间隔进行交流耐压试验，为钢铁厂、枢纽变电站、电铁牵引站以及微电网等对供电可靠性要求较高、通电协调困难的双母线接线GIS变电站的交流耐压试验开辟了一条有效的解决途径，社会效益和经济效益显著。

1. 主要研究工作

（1）试验系统及试验回路的研究。针对同频同相试验与变频试验原理的不同，对试验系统及试验回路进行研究，对GIS在现场不同情况下的耐压试验回路进行研究。

（2）试验系统装置可靠性研究。本项目研发了一套用于监控试验系统同频同相是否成功的保护装置，该装置以从运行母线的PT二次侧所获得的电压信号为参考基准电压信号，与分压器所获得的耐压试验电压信号进行实时比对；同时针对不同情况下GIS耐压过程中可能出现的异常情况，对系统可靠性进行研究。

（3）现场试验实践研究。结合现场工作，对检修、扩建等各种类型的GIS工作进行同频同相试验，总结现场实践应用成果。

（4）同频同相试验标准化作业文本编制，现场典型故障预案编制。

2. 项目实施方案

（1）试验回路研究。基于调感式的串联谐振耐压试验方法，利用分压器监测试验输出电压，以PT信号作为参考信号，同频同相电源输出初始同频同相试验电压并对同频同相状态进行监测，示波器显示同频同相波形，如图1.6.1所示。

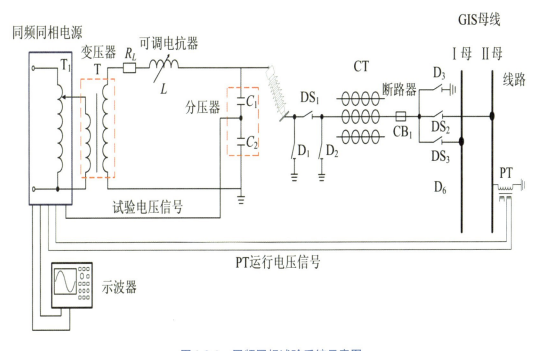

图1.6.1　同频同相试验系统示意图

(2)试验系统可靠性研究。

① GIS母线上在隔离断口击穿时出现的过电压和过电流,随着耐压试验回路中电阻(主要包括电弧电阻和限流保护电阻)的增大,其幅值和陡度都会相应减小。为了确保出现隔离断口击穿时不损坏GIS设备和对试验人员及设备造成伤害,应在耐压试验回路中串接足够大的限流保护电阻。但将保护电阻串接至试验回路之后,会引起正常工作时回路产生较大的压降和功耗,因而其值也不宜过大,一般不超过20 kΩ。

② 隔离断口在击穿后,试验回路失去谐振条件,断口间的电压迅速下降,因而断口间的电弧也会随之熄灭,但为了避免出现电弧重燃,从而产生更大的过电压,在出现断口击穿后应通过保护装置马上切断试验电源。

(3)现场实施及标准化作业文本编制。

① 针对单间隔检修、扩建,单母线检修、扩建,双母线检修、扩建等不同情况,在实验室进行模拟,在现场进行实施。

② 针对GIS试验过程中的各种异常情况,对被试设备击穿、隔离断口击穿等各种情况进行分析,制定典型事故应急预案。

③ 总结研究成果,编制现场标准化作业文本,在安徽电网推广应用。

三、创新点

(1)研究推广了GIS同频同相试验技术,编制了不同现场工作的典型试验方案标准化作业文本和典型事故应急预案。

(2)现场测试实现了GIS母线全停试验至GIS母线带电试验的转变,减小了停电范围,实现了不对客户停电的要求。

四、项目成效

首次实现了双母线接线的GIS变电站在运行母线不停电状态下对新建或者改扩建间隔的交流耐压试验,为钢铁厂、枢纽变电站、电铁牵引站以及微电园等对供电可靠性要求较高、通电协调困难的双母线接线GIS变电站的交流耐压试验开辟了一条有效的解决途径,社会效益和经济效益显著。

2017年3月,完成合肥供电公司220 kV云谷变110 kV间隔扩建工程,实现了对Ⅰ母线延长及扩建间隔进行交流耐压试验时相邻侧不停电,如图1.6.2所示。

2017年11月,合肥大工业用户京东方220 kV鑫晟变220 kV GIS发生故障跳闸,故障处理过程中,推荐用户采取了GIS同频同相交流耐压试验,设备故障处理过程中未发生停电,保障了企业正常的生产工作,如图1.6.3所示。

如果采用GIS同频同相交流耐压试验技术每年进行30次试验,其中220 kV变电站10次,110 kV变电站20次,预计可为电力公司增加售电收入数千万元。

图1.6.2　云谷变GIS同频同相耐压试验现场

图1.6.3　鑫晟变GIS同频同相耐压试验现场

项目成员　曹　涛　韩　光　祁　鸣　周章斌　潘　超　田　宇　陈庆涛　罗　沙

项目 7
便携式带电除异物装置

国网阜阳供电公司

一、研究目的

随着电网的快速发展以及用户对供电可靠性要求的不断提高,对电网运行的安全性、可靠性提出了更高的要求。当变电站设备上有鸟窝、塑料薄膜、孔明灯、风筝等异物时,如果不能及时快速处理,极有可能引起设备相间或接地短路故障,进而影响电网的安全、可靠运行。以往,阜阳供电公司处理变电站设备上的异物,采用的是设备停电处理或绝缘杆带电摘取的方法,如图1.7.1、图1.7.2所示。设备停电处理是最常用的处理异物方法,但其会造成用户停电和影响电网供电可靠性。利用普通的绝缘杆带电摘取,异物不可控,容易造成设备短路故障,引发电网事故。

图1.7.1 设备停电处理法

图 1.7.2　绝缘杆带电摘取法

目前,电网系统比较先进的异物处理方法为无人机取异物和激光烧融异物,由于变电站设备多、体积较大,设备连接线复杂,这些方法无法在变电站内应用。

为及时清除变电站设备上的异物,减少停电清除异物次数,提高异物清除效率,我们设计研制了一种新型便携式带电除异物装置,可广泛适用于变电站设备上带电清除异物工作。该装置可以有效降低清除异物操作难度和劳动强度,提高工作效率,对减少设备停电、提高供电可靠性具有十分重要的意义。

二、研究成果

国网阜阳供电公司组织骨干技术力量设计研发出了一种便携式带电除异物装置。该装置采用轻型绝缘材料,操作简单、便捷,可实现单人操作。在除异物过程中克服了清除不干净、操作不方便等困难,解决了变电设备上异物需停电处理这一顽疾,大大减少了变电设备被迫停电次数,提高了供电可靠性。

为满足带电除异物操作过程中"伸距可调节、抓手可旋转、抓物可控制"的要求,本项目主要解决了以下三个关键点和难点:

(1)操作杆伸缩锁定。在带电除异物过程中,需要根据现场设备情况将操作杆调节到合适长短,同时应满足操作过程中操作杆不下滑、不斜滑的要求。

(2)抓手角度调节。变电设备上异物位置、方向各不相同,为快速、安全清除异物,需要根据实际情况将抓手调节到相应角度,这又对抓手闭合力度、抓取效果提出了更高的要求。

(3)传动机构锁定。常用传动机构采用环氧树脂材料,如果操作杆采用伸缩式绝缘杆,应解决传动机构随之伸缩问题。

本项目通过科技攻关,成功突破了上述三个技术关键点,研制出了便携式带电除异物装置。此装置包括功能抓手、抓手连接、内部传动、绝缘操作杆、控制把手五部分,整体装置原理设计图如图1.7.3所示。

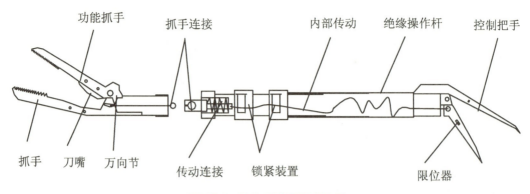

图1.7.3　整体装置原理设计图

1. 功能抓手

包括可拆卸功能头、万向节等。为适应多种多样的作业现场，设计了不同种类的功能头，包括双抓指式抓手、剪刀钳、捕蛇钳、刀嘴式抓手。双抓指式抓手，可以确保抓取异物过程的平衡性，抓手的抓指内侧设计有螺纹，可以增强抓取异物的牢固性。剪刀钳可以切割变电站内树枝等较硬物质。捕蛇钳可以夹取变电站内各类小动物尸体。刀嘴式抓手可以切割风筝线、杂草等并实时抓取异物。万向节可以根据工作现场的需求，调整功能头与操作杆之间的角度（90°调节），更方便切割、抓取异物。功能抓手如图1.7.4所示。

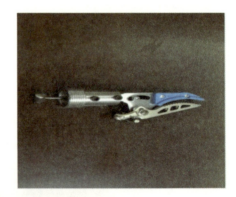

图1.7.4　功能抓手

2. 内部传动

包括传动连接装置、传动绝缘绳。传动连接装置设计于操作杆内部顶端,控制把手抓紧时,传动连接装置处于储能状态,控制把手松开时,传动连接装置释放能量,使抓手结构保持于张开状态;传动绳与连接卡槽连接,材质采用杜邦绝缘牵引绳,其绝缘性高、抗拉强度大、抗延伸性好,可以使操作杆任意伸缩,同时提高内部传动结构的绝缘性。

3. 抓手连接

包括功能头螺纹、固定螺丝、连接卡头、连接卡槽。连接卡头与功能头之间采用钢质链条连接,增加了抓取、切割异物过程中的强度。其与连接卡槽相互配合,实现了功能抓手与内部传动的相互连接,卡头(T形结构)、卡槽的设计增强了连接的牢固性。固定螺丝适用于不同种类的功能头,可以实现"一杆多用"功能。固定螺丝、功能头螺纹的设计使不同功能头之间的更换更加简单、方便。抓手连接如图1.7.5所示。

图1.7.5 抓手连接

4. 绝缘操作杆

包括操作杆锁紧装置、操作杆。操作杆锁紧装置包括锁紧垫片、锁紧限位器。锁紧限位器可以在任何位置锁定操作杆,实现操作杆的伸缩功能。锁紧垫片具有一定的弹性,可以增强限位器与操作杆之间的摩擦力,从而进一步锁紧操作杆,有效防止操作杆在操作过程中发生侧滑。操作杆为3节4.5米的绝缘伸缩杆,现场可根据实际情况调整操作杆的长度,以满足不同电压等级下的工作要求。其形状为三棱圆柱形,此设计增强了锁紧垫片与操作杆之间的紧固性,可防止操作杆各节间发生旋转滑动,保证了操作杆整体的同步旋转。绝缘操作杆如图1.7.6所示。

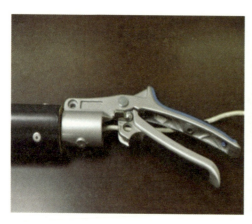 

图 1.7.6　绝缘操作杆

5. 控制把手

包括控制把手、限位器。整体采用铝合金材质,不仅美观且具有较高强度。控制把手的握手形设计可以实现单人单手操作;限位器可以使控制把手保持于抓紧状态,进而使抓手结构处于闭合状态,方便操作人员夹取异物。控制把手如图1.7.7所示。

 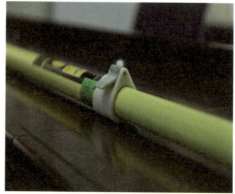

图 1.7.7　控制把手

三、创新点

便携式带电除异物装置从根本上解决了变电站设备上异物清除用时较长的难题,基本上解决了变电站设备上异物清除停电次数较多的问题。具有以下创新点:

(1)设计了不同种类的功能抓手,可满足变电站作业现场的各类需求。同时,功能抓手增设了万向节,可使抓手结构90°自由旋转,达到更好地抓取异物的效果。

(2)内部传动采用杜邦绝缘牵引传动绳,在满足绝缘、抗延伸条件下,方便操作杆进行任意伸缩。传动绝缘绳通过抓手传动连接装置对抓手实施控制,传动连接装置可使功能抓手复归于初始张开状态。

（3）连接卡头、卡槽的"T"形设计及功能头螺纹、固定螺丝对接的设计,增强了功能抓手与内部传动、功能抓手与绝缘操作杆之间连接的牢固性,实现了操作杆"一杆多用"功能。

（4）操作杆外形设计为三棱圆柱形,增强了锁紧装置与操作杆之间的紧固性,可防止操作杆各节间发生旋转滑动,保证了操作杆整体的同步旋转。同时,操作杆上设计的锁紧装置,可实现操作杆的任意伸缩。

（5）控制把手限位器的设计,可使控制把手处于抓紧状度,达到控制抓手的效果。

四、项目成效

目前,该装置已经研制出了第三代产品,按照带电作业工器具的工作要求,对装置进行了 440 kV 工频耐压试验和绝缘绳 400 kg 耐张力试验,试验结果完全合格。本项目经公司安全质量监察部、运维检修部、发策部等多部门组织专家予以论证通过。该成果降低了变电站设备上异物清除时间,减少了停电清除异物次数,提高了异物清除效率,提高了现场作业的安全性及工作效率。该装置带电抓取各类异物成功率高(如图1.7.8～图1.7.11所示),可在变电站220 kV及以下电压等级设备上推广使用。

图1.7.8　清除鸟窝

图 1.7.9　清除孔明灯

图 1.7.10　清除塑料布

图 1.7.11　剪切树枝

便携式带电除异物装置投入使用后,可减少倒闸操作次数,每次可减少倒闸操作车辆1台,操作及监护人员4人,可节约费用 $5×50+100=350$ 元,以2016年度停电30次计算,可节约费用10500元;可减少设备停电处理异物次数,每减少一次停电,可多供电量约50000 kW·h(停送电2小时,负荷率按80%计算),可增加营业收入 $50000×0.55×2×0.8=4.4$ 万元,以2016年度停电30次计算,可创收132万元。

本项目成果通过长期的实践应用,不断修正完善,充分适用于现场工作实际。我们还编写了相应使用说明书、检定校验规范、作业指导书等标准化作业文本,使产品的使用和维护更加标准化和规范化。此外,基于本项目的研究成果,我们申报并获授实用新型专利1项,正在申报发明专利1项,在国家级期刊上发表论文2篇,对产品产权予以了充分保护。

下一步,还需对产品的制造工艺加以改进,使之适于批量化生产,最终投放市场,予以产业化推广。

项目成员　陈　露　贾立峰　石永健　李少峰　张治新　彭　林　王绍亚　郭碧翔　王　伟　陈向东　赵　锋　牛立群　高尚兵　潘高伟　谌雪松

项目8
基于移动式变电站的电网负荷转移技术

国网合肥供电公司

一、研究目的

随着人民生活水平的不断提高,电网负荷逐年增大,旧变电站负荷越来越难以为继,变电站改造工程必须尽快开展。改造变电站,传统方式要将变电站全停,于是就会引发下列问题:

(1) 负荷难以转移。各类大型工业、企业以及医院等无法断电的核心负荷无法停电,备用负荷不足的情况下,负荷转移成了最大的难题。

(2) 改造周期长,施工复杂,不稳定因素多。改造周期一般为5~6个月,对于重要用户来说无法容忍这么长时间的停电。

(3) 大范围负荷转移会降低电网稳定性。负荷大规模转移会使其他变电站负荷容量过高,电网无法正常安全稳定运行。

为了解决上述问题,合肥供电公司提出基于移动式变电站的电网负荷转移技术,既大大缩短了施工周期,使改造工程工作简化,提高了供电可靠性和施工安全性及项目经济性,又缩短了停电时间,降低了因停电造成的社会影响,有利于供电企业提升优质服务水平,促进社会和谐发展。

二、研究成果

移动式变电站必须要做到体积小,方案紧凑,运输方便,投入时间快,为实现这些要求,本项研究主要运用了以下新型技术。

1. 预制舱技术

所谓预制舱技术，就是将实现共同功能的设备模块化地整合在一起，普通的预制舱无法满足可移动式变电站的要求，因此在最终的预制舱中改进优化了舱体技术、接地技术、防爆技术和保温技术，这些技术的综合运用最终确保了移动站的安全稳定运行。

2. 内部结构和布局设计

内部结构分 10 kV 设备模块、110 kV HGIS 模块和变压器模块，布局方面采用立体式结构，将 110 kV HGIS 模块放置于预制舱上方，大大节省了空间，如图 1.8.1、图 1.8.2 所示。

图 1.8.1 预制舱技术研究成果

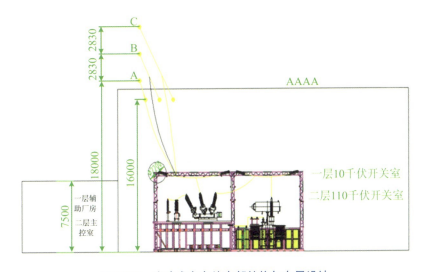

图 1.8.2 移动式变电站内部结构与布局设计

3. 外部结构和布局设计

外部设计方面,舱底采取了雪橇式设计,不仅可以小范围拖动,而且可以抵消运行时的强烈震动。外部电缆的接入设计采取侧进侧出,并在装置外围加入预制围栏,可防止人员误入带电间隔,保证人身安全。

4. 标准化流程制定

为了保证这样的新技术能够安全稳妥地运用到电网中,根据设备的技术特点,详细编写制定了各类作业方案、操作规程等标准化的作业文本和应急预案,确保移动式变电站能和电网无缝对接、影响范围最为精简。

三、创新点

(1) 应用预制舱体,实现模块化建站。

不同于常规的变电站,本项目将设备按照不同功能,进行模块化设计,更便于组装、拆卸、试验和检修,如图1.8.3所示。甚至可以在厂家事先完成试验,再拖运到现场进行组装,节省了大量时间。并且预制舱模块具有良好的密封性能,可以配合舱内辅控系统,实现舱内环境的恒温、恒湿、无尘,保障设备的良好运行。

图1.8.3 预制舱体模块化建站实际效果图

(2) 舱体电缆侧进侧出,简化土建基础。

舱体电缆的设计采取侧进侧出,从装置的侧面进入,代替常规的底部进线,无需"深挖沟、广撒网",可节省大量时间空间,不仅可以提升效率,还降低了施工难度,如图1.8.4所示。

图 1.8.4　舱体电缆进出实际效果图

（3）撬装式结构，机动灵活，可异地重建。

装置自身具备高强度撬装式钢制基础，主变、中性点接地等装置均安装于钢底座之上，只需要一块平整的土地，就可以完成变电站的建设。并且在舱底采取了雪橇式设计，可以保证移动和工作过程中的减震性，异地重建简单便捷，如图1.8.5所示。

图 1.8.5　撬装式结构实际效果图

（4）创新检修工作方式。

建设了国网系统首座110 kV移动式变电站，改善了检修工作方式，为全国老旧变电站升级改造、负荷转移提供了范例。制定了标准化作业流程，为移动式变电站安装提供建设标准。

四、项目成效

社会效益:在合肥110 kV耕耘变改造过程中,首次将移动式变电站技术投入实用,创新了检修工作方式,探索了老旧变电站升级改造、负荷转移的新途径,有效减少了停电时间,大幅减少施工成本,有效保障了电网的安全可靠供电,如图1.8.6所示。

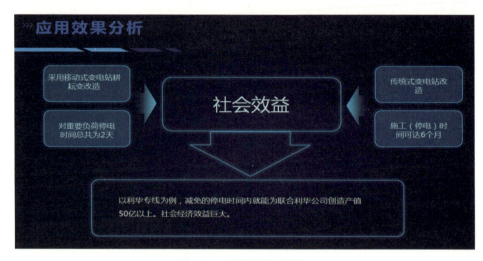

图1.8.6 项目的社会效益

经济效益:用MTP公式计算,如图1.8.7所示,可取得经济效益555万元/年。$Q1$:统计2017年实际检修数量,取值1台;$Q0$:2017年运用成果前的实际检修数量,取值0台;L:成果实施后,减少的施工所需人工费、工时费、差旅费等机会成本,取值为50万元;M:成果实施后,每台设备可减少的土建材料费用、施工费用、检修工具损耗费用等,取30万元;V:成果实施后,每个项目可减少的因停电造成的供电损失,结合停电损失的售电量,考虑到相应电压等级和电网地位所存在的风险等级,取2000万元;F:成果实施后带来的边际效益,如提升了电网运行可靠性系数后,电网运行更加稳定,运用成果后减少了老站停电检修的各项供电损失及费用,取80万元;C:成果实施费,包括租赁移动式变电站的费用、施工费用等,取1600万元;I:实施成果时对电缆、电线等设备造成的损耗,换算成经济指标,确定为5万元。

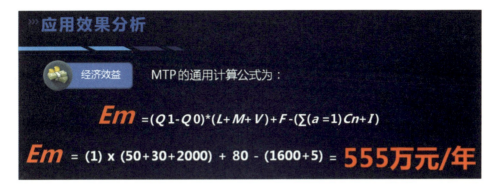

图 1.8.7　项目的经济效益

社会反响：在此次改造过程中，合肥日报、新华网、合肥电视台等多家社会媒体对移动式变电站进行了详细报道，引起了强烈的社会反响，充分彰显了国网公司的企业形象，更展现了我们国网人的创新风采，如图 1.8.8 所示。

图 1.8.8　项目的社会反响

标准化施工规范、标准的制定，使该项目进入实用化阶段以后，可以在全省范围内推广，优化变电站改造过程，提高改造效率，这是传统的变电站改造方式所不能比拟的。移动式变电站的实施可以创造不菲的社会效益和经济效益，市场巨大，前景广泛。

项目成员　祁　鸣　郑中胜　方进虎　韩　光　田　宇　柯艳国　曹　涛
　　　　　　徐润宸　周章斌　周琛琛　傅　浩　秦　鹏　金　星　王　震
　　　　　　李　言

项目 9
用于变电设备精确测温的移动式升降云台

国网安徽检修公司

一、研究目的

目前,运行中的油浸电容式套管的主绝缘电容屏结构无明显差异,但套管外部接线端子、末屏结构有较大差异,随着技术进步和制造工艺的提高,结构发生了很大变化。其中,套管末屏出现的问题占套管缺陷的绝大部分,国网系统 500 kV 变电站也连续发生套管末屏接地异常导致主设备发生严重故障的事件,所以加强主网架变电设备末屏接地检测极其必要。

目前末屏精确测温仍是监测末屏接地行之有效的重要手段。然而,设备末屏一般在有一定高度、隐蔽性较强的部位,开展精确测温时存在一定的困难。

传统测温方式下,值班员站在地面对末屏处斜角拍摄,从测温图谱来看,末屏部位已经被升高座法兰边沿遮挡,造成测温盲区,达不到末屏测温的目的,如图 1.9.1 所示。目前变电站在开展末屏红外测温时,为避免测温盲区,解决方式通常是站在登高凳、扶梯上,在一定距离外,对末屏开展红外测温。这种方式费时、费力,且频繁登高增大了工作的不安全系数。同时由于与末屏部位存在一定的横向距离,测温效果不佳。

基于目前末屏精确测温存在的难点,我们从便利性、安全性两方面考虑,设计了移动式升降云台,以提高变电设备精确测温的效率。

图1.9.1　套管末屏传统测温方式

二、研究成果

国网安徽省电力有限公司检修分公司芜湖运维分部创新团队通过设计移动式升降云台,利用云台将热成像仪送至高空,并通过无线方式实现对热成像仪的控制及末屏测温,有效解决了末屏地面仰角测温存在盲区、人员登高测温存在安全风险的弊端。

移动式升降云台主要由移动推车、升降机、旋转云台、控制系统组成,主要结构如图1.9.2所示。

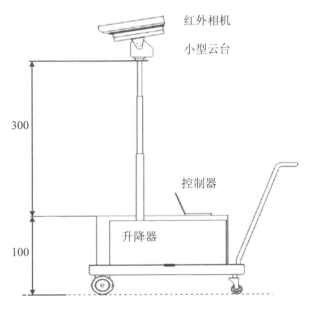

图1.9.2　云台结构

升降机底座(含推车)的高度为 1 m,伸缩杆最高升起 3 m,配合推车以及升降机底座的高度,可达 4 m 的升程,能应对绝大多数有一定高度的设备部位的测温工作,如图 1.9.3 所示。

图 1.9.3　云台实际测温情况

在升降机设计上,主要存在以下两个难点:

(1) 如何控制高度,确保在升降过程中与设备带电部位的安全距离。

小组主要通过以下 3 点控制措施,规避以上风险:

① 升降机伸缩杆升降速度设计为 4 cm/s,较缓的升降速度可以给予控制人员更多的反应时间,合理控制升降高度。

② 升降机伸缩杆刻有距离标尺,控制平台安装有急停按钮,升降机在实际升高过程中,监护人可随时按下急停按钮,确保安全。

③ 目前阶段,升降云台采取限高措施,对应于不同电压等级,采取最大升程限制,在达到最大高度后,会自动停止升高。如需继续升高,则需要监护人员执行解锁操作。具体高度如表 1.9.1 所示。

表 1.9.1　移动式升降云台对应不同电压等级的最大高度

电压等级/kV	500	220	35
限高(含底座)/m	3.5	2.8	2.0

(2) 如何在升高到一定高度后,保证云台不会抖动,避免红外拍摄不清晰的问题。

本项目在设计上采取固定伸缩杆固定测温仪,材质经过严格筛选,并进行了抗风能力测试。

经实际风力测试,在4级左右风力下,伸缩杆带动云台及红外热成像仪升高后,无抖动感,实际拍摄图谱效果较佳,未出现模糊等问题。说明在升到一定高度以及一定风力的情况下,移动式升降云台依然能满足精确测温的需求。

旋转云台、控制系统为移动式升降云台的核心组件。旋转云台固定在升降机伸缩杆上,红外热成像仪固定在旋转云台上,依托于移动式升降云台整体控制系统,在地面可以对旋转云台进行升降及旋转控制,通过旋转云台的转动带动红外热成像仪转动。旋转云台可满足水平0°～350°、上下35°旋转要求,经过小组测试,云台旋转角度能方便观测到不易观测到的角度,解决视觉死角问题,如图1.9.4所示。云台将热成像仪送至高空,通过无线局域网,将热成像仪控制软件与热成像仪连接。热成像仪控制软件可安装在手机、平板等移动终端上,利用手机、平板实现远程聚焦、拍照、存储、分析、生成报告等功能。如图1.9.5所示。

图1.9.4　云台旋转结构设计

图1.9.5　云台可实现远程聚焦

本项目为国内首创,在移动式升降云台设计阶段,小组已经积极申报新型实用专利,目前该专利申请已经被受理。

三、创新点

(1)移动式升降云台的应用,有效解决了前述变电设备末屏精确测温中的难点,提高了末屏红外精确测温效率。

(2)移动式升降云台结构简单,操作方便,使用安全可靠,不存在使用门槛高等技术性问题,适合各年龄段运维人员使用。

(3)移动式升降云台可定制性强,在满足基础功能外,可根据实际情况,定制蓄电池、UPS、电动推车等组件。

(4)云台采取通用接口设计,能满足目前变电站内大部分便携式红外热成像仪的直接安装使用需求,不必重新配置红外热成像仪。

四、项目成效

该平台的应用,打破了传统测温手段无法有效进行套管末屏精确测温的禁锢,使得运维人员可以及时、快速、准确掌握套管末屏的运行状况。目前该移动式升降云台的初代模型已在500 kV官山变电站、敬亭变电站试点应用。从应用效果来看,相比一般测温方式,测温速度提高了20%,测温准确率提高了60%,测温分析速度提升了100%,单次测温每小时节省人力资源2人次。后期可在系统内部进一步推广,对日常保电中红外精确测温、长时间红外跟踪等工作场景,均能有效应用。

项目成员 杨 兵 张 文 宋仁杰 郑 祥 李仲强 徐 强 李 炎
赵梦露 汤建伟 张鸿鹄 张俊杰 章俊辉 乔龙洋 胡国强
毛 帅

输电篇

项目1
1000 kV特高压同塔双回输电线路带电作业工艺及工器具

送变电公司

一、研究目的

经济发展,电力先行。近几年随着我国经济的不断快速发展,对安全可靠供电提出了更高的标准与要求,特高压作为我国坚强电网重要骨干网架组成部分,在电网运行中起着举足轻重的作用。目前安徽境内共计有特高压交直流电网10条,2856公里,作为"西电东送""皖电东送"的重要输电通道,每年为华东地区输送电量达该地区电力需求总量的四分之一,特高压电网安全稳定运行的重要性不言而喻。

特高压电网是我国电网的政治线、经济线、生命线,安全运行至关重要。为及时消除特高压线路运行中的各项缺陷及隐患,确保安全稳定运行,按照国网公司"能带不停"的原则,带电作业是消除缺陷的最主要方式。

特高压输电线路与超高压输电线路的主要差异如下:

(1) 超高压输电线路多采用角钢塔结构,特高压交流线路采用全钢管塔,特高压直流线路采用宽肢角钢、特高强钢,线路结构与超高压线路不同。

(2) 承力工器具荷载不同。超高压线路多为单回或双回建设运行,采用四分裂导线,工器具多采用铸铁或合金钢制造;特高压线路多采用大截面导线,导线截面积720 mm²、900 mm²、1250 mm²,且多采用六分裂、八分裂导线,受力荷载大幅增加,传统材料工器具不满足受力要求。

(3) 线路结构尺寸不同。超高压线路各空间结构尺寸较小,金具串、绝缘子长度较小;特高压线路结构尺寸大幅增加,作业用工器具结构、受力方式等均有大幅变动。

由于特高压与超高压输电线路在塔型结构、导线形式、荷载受力等方面存在较大差异,带电作业工艺及所需的工器具成为特高压带电作业的重大难题。国网安徽电力带电作业团队从实际出发,结合特高压线路自身结构特点开展了带电作业工艺与工器具的研究,攻关克难,顺利开展了直线塔更换金具、导线补修、补销子、清除异物,耐张塔更换跳线绝缘子、更换单片绝缘子、更换金具、处理金具发热等典型带电作业项目。为了完成上述作业项目,研制了专用工器具,包括耐张三联中串卡具、边串卡具、闭式卡,八分裂导线提线器,液压型过障碍地线行走装置,特高压零值绝缘子检测装置,钢管塔检修作业平台等。

截至目前,安徽公司累计开展特高压带电作业4次,在国内首次采用直线塔"吊篮法"、耐张塔"跨二短三"、耐张跳线串"吊篮法"进出等电位,完成了更换跳线串绝缘子、更换耐张单片绝缘子、补销子、清除异物等作业项目,解决了特高压同塔双回输电线路多项带电作业技术难题。

二、研究成果

1. 技术关键点

查阅收集特高压线路设计参数,通过对线路各项参数的分析,结合超、特高压交直流线路特点,提出常见的检修项目。根据检修项目确定需研制开发的工器具的方向,明确该项目的技术关键点。

技术关键一:受力工器具材质的选择。由于特高压输电线路垂直荷载及水平张力较大,该更换装置中各组成部件材质的选择非常关键,材质性能的优劣将直接影响工器具的强度、性能、重量以及操作的便捷性。

技术关键二:研制特高压大吨位导线提线器。1000 kV交流特高压淮上线直线塔绝缘子串型为悬垂单联Ⅰ串、双联Ⅰ串,长度在9 m左右,考虑金具串长度在11 m左右。根据直线串的金具形式、垂直荷载及铁塔结构特点,研制大吨位导线提线器。

技术关键三:研制用于输电线路检修的地线飞车。在地线进行地电位带电作业时,传统地线检修作业方式采用地线飞车沿线滑动,但遇到地线上安装的防振装置等障碍物时,无法继续前行,需要拆除线上设施,作业结束返回时再安装,操作繁琐。需研制一种过障碍地线装置,进一步提高线路检修工效。

技术关键四:研制钢管塔作业平台。特高压交流输电示范工程全线为同塔双回钢管塔,当人员在地电位进行带电作业时,钢管结构无法提供作业人员的作业部位,给检修人员的作业安全性和便捷性带来问题。需要研制钢管塔专用作业平台,以满足在钢管塔水平方向、垂直方向的作业要求。

关键技术五:研制特高压零值绝缘子检测装置。在开展线路等电位带电中,均明确提出了完好绝缘子片数的限值。利用火花间隙法实际检测中,由于绝缘子串上电压U形分布,低零值绝缘子很容易造成误判。再加上超、特高压输电线路绝缘子串长达10 m甚至更长,在安全性、可操作性、准确性和可靠性等方面对带电检测不良绝缘子提出了更高要求。需研制一套基于分布电压检测原理的超、特高压绝缘子低零值检测装置,进一步提高检测的安全性、准确性、可靠性。

2. 研究的主要内容

(1) 工器具材质的选择

综合考虑强度、比重、价格等因素,基于特高压交流输电线路吨位大、金具尺寸大等特点,对吨位小于10吨、体积要求不高的卡具,采用新型航空铝合金材质制作,对吨位大于10吨、体积要求很高的卡具,采用钛合金制作。

(2) 更换耐张串绝缘子卡具类工器具的研制

1000 kV淮上线耐张串均为耐张三联串,根据线路串型结构及吨位大小,研制了"横担端部卡""导线端部卡"及"闭式卡",通过液压丝杠配合可更换中串和边串导线侧第一片、横担侧第一片及中间任意单片绝缘子。

① 1000 kV特高压输电线路耐张三联中串卡具如图2.1.1所示。1000 kV特高压输电线路耐张三联中串卡具用于更换串中横担侧第一片绝缘子和导线端第一片绝缘子,包括闭式卡前卡、闭式卡后卡和液压丝杆,还包括横担端部卡和导线端部卡。导线端部卡中央设有用于与联板施工孔连接的固定孔,两侧为向外的伸出臂,伸出臂的端部设有用于与液压丝杆一端连接的连接孔,其中一侧伸出臂通过螺栓和螺母与端部铰接。横担端部卡为2片同样的长条形连接板,一端设有与液压丝杆铰接的连接孔,另一端设有用于与三连串联板铰接的固定孔。

图2.1.1 耐张中串导线端部卡具

② 1000 kV特高压输电线路耐张三联边串卡具如图2.1.2所示。该套卡具主要用于更换边串横担侧或导线侧第一片绝缘子,与闭式卡具(见图2.1.3)前卡、后卡配合使用。更换横担端第一片绝缘子时,采用横担端部卡连接液压丝杠和闭式卡前

卡;更换导线端第一片绝缘子时,采用导线端部卡连接液压丝杠和闭式卡后卡。

横担端部卡为组合式,通过卡具卡槽连接在绝缘子串金具U-55S-150螺栓上;导线端部卡为同体分离式设计,是对称分割的两部分,安装在联板铰链金具的螺栓上。上述端部卡具有强度高、重量轻、受力好、安装方便等优点,便于更换特高压三联串边间串绝缘子。

图2.1.2　耐张边串横担端部卡具

图2.1.3　闭式卡具

（3）更换悬垂串合成绝缘子卡具类工器具的研制

1000 kV特高压输电线路采用$8\times630\ mm^2$导线,子导线按正八边形布置,外接圆直径1045 mm,分裂间距400 mm,其垂直荷载在10吨以上。研制的"八分裂导线提线器"采用钛合金材质,分体式设计,外接圆直径1040 mm,结构简单、受力清晰、强度大、操作简便、安全性高,一次制作可在相同分裂导线上永久使用,如图2.1.4所示。与额定负荷为12吨、行程不小于0.5米的液压丝杠（见图2.1.5）及高强度起吊装置配套使用,可用于1000 kV特高压输电线路直线串绝缘子更换、在线检测装置拉力传感器安装等检修作业。

图2.1.4　八分裂导线提线器

图2.1.5　液压丝杠

（4）液压型过障碍地线行走装置的研制

液压型过障碍地线行走装置,包括架体、顶横梁、主轮、主轮架、辅助轮、辅助轮架、液压装置、制动阀、挡销、脚踏杆、座椅等部分。液压装置安装于辅助轮架上,主轮、辅助轮通过主动轮架、辅助轮架连接于架体,两主动轮间设有制动装置,轮架下端设置挡销;架体下端设置座椅架与脚踏杆。如图2.1.6所示。该装置应用于超、特高压地线检修,行走过程中遇防振锤等障碍物时,通过操作液压装置使辅助轮架下降、主轮架上升,可顺利越过障碍物。

该装置结构简单、操作便捷、重量轻、安全性能优越,可显著提高输电线路地线检修工效。

图2.1.6　液压型过障碍行走装置

（5）特高压钢管塔检修作业平台的研制

作业平台架采用铝合金制作框体,以锦纶绳网为承托网,锦纶绳通过防磨垫圈连接至架体连接孔;平台正面设置软质拦腰索;在平台两侧设置帆布袋,作为工器具放置区;架体上端设置挂扣,可连接悬挂绳索。悬挂绳索采用分段组合式锦纶绳,分段点采用环扣连接,环扣可作为绳索长度调节的挂扣点。悬挂绳索上端连接可开合式扣环,悬挂绳索直接连接钢管时,将绳索在钢管上缠绕一周后使用扣环直接扣在绳索上。设计挂点挂板上方可安装U形环,下方设置挂孔两个,作为悬挂绳索的挂点。

该平台具有结构简单、体积小、重量轻、操作简便等特点,如图2.1.7所示。

图2.1.7　钢管塔检修作业平台

（6）特高压零值绝缘子检测装置的研制

该检测装置利用3段空心绝缘管组装而成，在检测绝缘子过程中，将测零杆沿着绝缘管轨道移动至检测位置，通过旋转操作杆使得金属探头接触绝缘子钢冒和钢脚，检测装置能够直接读取绝缘子两侧分布电压数值并通过内置无线发射装置传输，地面接收端的显示屏可以实时显示所测绝缘子两侧的分布电压，塔上一人即可操作。该装置准确性更高，能够更加科学地判定低、零值绝缘子，减少误判，在减小了劳动强度的同时提高了工作效率。如图2.1.8所示。

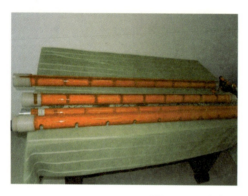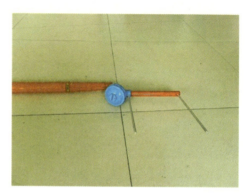

图2.1.8　特高压零值绝缘子检测装置

三、创新点

1. 创新点

项目组研制的工器具的创新点主要有以下几点：

（1）采用钛合金材料制作用于更换绝缘子的横担端部卡、导线端部卡、闭式卡等各类卡具，可以承受10吨及以上大吨位导线张力。

（2）八分裂导线提线器采用分体式设计，与额定荷载为12吨的液压丝杠配套，可用于导线提升。

（3）液压型过障碍地线行走装置通过液压系统实现主轮与辅助轮间的转换，不需拆除防振设施即可进行地线检修。

（4）特高压钢管塔检修作业平台采用铝合金框体、锦纶绳承托网构成，适用于特高压钢管塔检修作业，属国内首创。

（5）超、特高压零值绝缘子检测装置，采集每片绝缘子的分布电压数据后，可以采用多种基于分布电压检测低、零值绝缘子的判断方法进行分析，不仅可以替代传统的火花间隙检测设备，而且可以有效减小人员操作技能影响、外界环境干扰等导致的检测误差。

2. 所获专利

目前基于该项目已获得的专利如表2.1.1所示。

表2.1.1 获得专利情况

序号	奖项名称	获奖项目	证书编号	专利状态
1	特高压大吨位导线提线器	发明专利	ZL 2010 1 9181002.4	已授权
2	液压型过障碍地线行走装置	实用新型专利	ZL 2014 2 0594864.6	已授权
3	1000 kV特高压输电线路耐张三联中串卡具	实用新型专利	ZL 2014 2 0096430.3	已授权
4	一种钢管塔检修作业平台	发明专利	ZL 2014 2 0220254.X	已授权
5	无线绝缘子测试辅助工具	发明专利	2015 1 0114251.7	申请阶段
6	无线绝缘子测试辅助工具	实用新型专利	2015 2 0148243.X	申请阶段

四、项目成效

1. 经济效益

2014~2016年,安徽省电力公司利用研制的成套工器具多次开展线路检修、带电作业工作,工器具携带方便、操作简便、实用性强,减轻了作业人员的劳动强度,显著提高了工作效率。

以更换单片耐张绝缘子为例,传统方法和专用工具法经济成本分析对比如表2.1.2所示。

表2.1.2 传统方法和专用工具法经济成本分析对比

项目	人工成本/元	工具成本/元	机械成本/元	时间成本/小时	备注
传统方法	5200	50000	2500	5	
专用工具法	600	78500	500	0.6	
节省绝对值	4600	−28500	2000	4.4	
节省率	88.46%	−57%	80.00%	88%	

若将时间成本换算为金额的话,1000 kV淮芜线、湖安线每小时可供电6000 MW,根据经验,按照华东地区售电价0.38元/(千瓦·小时)计算,停电作业造成的损失为

$$600(万千瓦) \times 4.4(小时) \times 0.38(元/(千瓦·小时)) = 1003.2(万元)$$

仅仅是电网停电检修时间损失的售电费已达一千万元,给地方经济发展造成

的损失更是不可估量，可见运用高效率的检修工具进行停电检修，避免减少电网输送容量和减少停电损失是多么重要。

2. 社会效益

该项目成功研制了特高压输电线路检修工器具，编制了详细的作业方案，为线路检修工器具的研究及研制提供了新思路、新工艺、新方法，促进了公司科研创新能力的提升，有效保障了特高压电网安全、可靠、平稳运行，为推进坚强智能电网建设提供了有益的借鉴。

3. 推广应用效果

（1）应用效果

2014年9月30日，安徽公司对该套工器具和检修工艺进行了试用，现场反映效果良好。利用所研制的提线器、卡具、钩式接地线等工器具开展接地线挂设、耐张单片绝缘子更换等工作，成功完成预定作业项目，并取得良好运用效果。同时使用钢管塔作业平台开展在线监测装置维护，效果显著。

（2）应用前景

本项目研制的工器具，可用性和实用性强，能有效节省带电作业时间，减少作业人员劳动强度。通过在特高压交流线路现场验证，满足目前安徽境内带电工作需要。在结合特高压直流结构方式，减小尺寸、荷载的条件下，可推广应用于超、特高压直流线路，节省特高压交、直流线路带电作业时间，减轻工作人员劳动强度。

（3）其他

特高压工器具研制，主要针对安徽境内运行的特高压输电线路，在理论计算与试验的基础上，研制检修所需的成套设备，并通过实验与实际应用，对其不断改进与完善。在工器具研制的同时，编制各种检修项目检修工艺，使特高压线路检修有章可循，提高检修效率及安全性，为安徽境内交流特高压线路稳定运行奠定基础。

项目成员　林世忠　许启金　朱理宏　严　波　孟　令　吴维国　张振威
方小马　吴继伟　关东旭

项目 2
线路避雷器地电位安装工器具

国网六安供电公司

一、研究目的

六安地区位于大别山区,雷电活动频繁,运行经验表明,雷击跳闸在输电线路故障跳闸类型中占比最高。根据输电线路防雷治理工作要求,六安公司积极开展输电线路差异化防雷治理,线路安装避雷器是雷害治理的重要工作之一。

安装避雷器工作常规采用停电安装、等电位安装两种作业形式,但两种作业形式分别受到供电可靠性和自身局限性的影响,经常会延误避雷器安装的最佳时机。

1. 停电方式安装避雷器的局限性

(1) 根据输电线路雷害治理工作要求,输电线路应在易受雷击区段采取必要的防雷措施。在线路雷击跳闸后,对遭受雷击的杆塔应立即加装避雷器,但受供电可靠性影响,设备不能及时停电,影响安装工作进度。

(2) 为避免高铁牵引站等重要用户的输电线路故障,确保其安全稳定运行,保障列车行车安全,在此类线路上安装避雷器的工作是必要的。牵引站线路在动车组日间行车期间无法停电,只有夜间短暂时间可以利用,而夜间登高作业危险性高,实施难度大。

2. 等电位安装避雷器的局限性

(1) 等电位安装作业,应确保组合间隙满足要求,110 kV 线路为 1.2 m,220 kV 线路为 2.1 m,35 kV 线路还需采取可靠的绝缘隔离措施,对作业条件要求较为苛刻,对人员及设备具有一定的危险性。

(2) 等电位方式安装避雷器操作复杂、费时费力,对作业工器具的要求十分严格。

本小组研发了一套输电线路地电位安装避雷器的工器具及配套作业方法,成功解决了牵引站等重要用户线路难以配合停电带来的困难,同时克服了等电位方式安装避雷器操作的复杂性,有效地提高了避雷器的安装效率。

二、研究成果

1. 具体内容

此次创新研制的工器具共分为连接金具和紧固金具两大部分,连接金具是连接导线和避雷器连接线的固定金具,紧固金具是带电紧固连接金具部分螺栓的工具。

(1)连接金具

连接金具由紧固螺栓、防松螺帽、夹具螺杆、压线块、中间连接件、线夹和导线固定钩七部分构成,如图2.2.1所示。

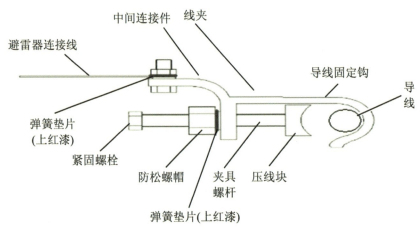

图 2.2.1　连接金具

其中中间连接件上设有连接线固定口和夹具固定口,连接线固定口通过螺栓连接避雷器连接线,螺栓内有涂刷过红漆的弹簧垫片,便于后期检查螺栓是否出现松动。夹具固定口内穿过夹具螺杆,夹具螺杆一端连接压线块,另一端设紧固螺栓和防松螺帽。

紧固螺栓(直径为24 mm)的作用是推动夹具螺杆使压线块夹紧导线,防松螺帽(直径为36 mm)的作用是防止夹具松动。防松螺帽内的弹簧垫片涂刷过红漆,便于后期检查螺栓是否出现松动。

当杆塔横担尺寸不足,避雷器不能装在绝缘子内侧时,可以旋转避雷器连接线180°,将避雷器安装在绝缘子外侧,如图2.2.2所示。

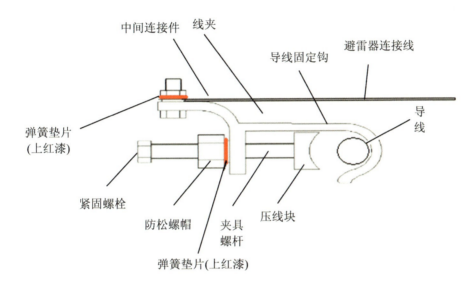

图2.2.2 避雷器安装在绝缘子外侧

(2)紧固金具

紧固金具由大套筒、小套筒和绝缘操作杆构成,大、小两个套筒后端设有一段螺纹,可与绝缘操作杆连接使用,如图2.2.3所示。

绝缘操作杆起到地电位安装时保证绝缘的作用。小套筒与紧固螺栓相吻合,通过转动小套筒使夹具朝导线固定钩方向运动,从而达到压线块、导线和导线固定钩三者相咬合的目的。大套筒与防松螺帽相吻合,通过转动大套筒紧固防松螺帽,从而达到防止夹具松动的效果。

图 2.2.3 紧固金具

(3) 材质及校验

本次研制的工器具针对截面积为 240~400 mm^2 的导线设计,其中连接金具和紧固金具(大、小套筒)均为铝合金材质,绝缘操作杆为带电作业使用的操作杆,可以多根操作杆对接使用。

本次研制的工器具采用 M16 螺栓,螺栓扭矩值可达到 80 N·m,经过委托专业工具生产厂家进行生产制作,并反复进行试验和比对,确认 M16 螺栓满足运行要求。

2. 关键点和难点

本次研制工器具的关键点和难点是如何在地电位上实现避雷器的组装工作。在研发前,群创小组通过观察接地线导线端安装的过程,想到可以利用类似的方法实现地电位安装避雷器。但同时需对避雷器线夹部分进行改装研发,以满足远距离紧固线夹的要求。

群创小组以悬垂线夹为原型,进行设计改造,成功研制出一套可以远距离紧固螺栓的连接金具。紧接着,群创小组根据连接金具上紧固螺栓和防松螺母的型号尺寸,分别研制了与其配套使用的大、小套筒。然后,通过绝缘操作杆与大、小套筒的连接使用,一方面保证了地电位带电作业的安全距离,另一方面实现了远距离安装避雷器的目的。

三、创新点

(1) 实现了安装避雷器时不受供电可靠性等因素的限制,提高了避雷器安装的效率。
(2) 降低了等电位作业时的安全风险,减少了等电位作业时的工作量。

(3) 本次研发的工器具成本低,适合批量加工生产。

(4) 本次研发的工器具现场操作简单、安全可靠,能有效节省人力,实用价值高。

(5) 本次研发的工器具适用于各种型式杆塔结构,不受塔型结构的限制。

四、项目成效

1. 经济效益

本次研发的工器具和作业方法,可以在线路带电情况下实现避雷器的安装,减少了线路的停电次数,尤其是减少了牵引站等重要用户的停电次数,提高了电网的供电可靠性,降低了电网的运营成本,提高了电网运检的效率、效益。

本次研发的工器具和作业方法,提高了避雷器安装的及时性和安装效率,降低了线路因雷击跳闸的次数,有效保护了电网设备的安全,减少了电网的运营成本。

2. 社会效益

利用本次研发的工器具和作业方法,减少了牵引站等重要用户的停电次数,并确保了重大活动期间的供电安全,为社会提供了良好的用电环境。

3. 推广应用效果

在地电位安装避雷器成套工器具型式试验合格后,群创小组多次在模拟线路上进行了安装试验,并根据现场安装试验结果,对相关零部件及作业流程进行了多次改进。经公司运检部审查同意,作业人员先后在 220 kV 红墩 2C53/2C54 线、红马 2C51/2C52 线等牵引站线路上开展地电位安装避雷器工作,经现场安装检验及后期运维人员登杆检查,证明地电位安装避雷器作业形式所采用的工器具是简便实用的,作业方法是安全可靠的,安装质量是合格的。

地电位安装避雷器工器具的研制成功大大提高了线路避雷器的安装效率和安全性,工器具易于批量生产且成本很低,操作简单,易于携带,便于推广。

4. 其他

地电位安装避雷器工器具已经获得名为"一种用于线路避雷器的地电位安装工具"的国家专利,并已推广使用。

项目成员 叶荣军 李茂球 孙 健 刘 斌 沈 菲 鲍远春 李 兵
王 斌 董 军 徐 锐 张怀兵 侯 川 刘书剑 英建超

项目3
带电拆除导线异物专用工具

国网淮北供电公司

一、研究目的

目前,在电力行业输电线路检修工作中,输电导线悬挂异物如风筝(线)、孔明灯、塑料袋、广告布等非常常见,如果处理不及时遇到阴雨天气,将会造成输电线路跳闸故障,影响电网的安全运行,甚至会危及人身、设备安全,造成大面积停电,给当地的工农业生产造成较大损失,也给居民正常生活带来不便,安全、快速、高效拆除输电线路导线异物显得尤为重要。

当前处理架空输电线路导线悬挂异物的方法主要是"绝缘绳绞缠法",该方法是在绝缘绳上缠绕弹簧状的钢丝钩,通过钢丝钩绞缠悬挂在导线上的异物来拆除导线异物,在拆除异物过程中依靠人在地面拉绝缘绳调节高空钢丝钩方向和位置,有时高空钢丝钩很难勾缠住导线悬挂异物造成拆除困难,需要很长的时间才能将异物拆除,清除异物效率较低。另外,由于架空输电线路导线(钢芯铝绞线)长期暴露在野外,经过长时间运行,表面氧化后变得十分粗糙,人在地面拉绝缘绳调节高空钢丝钩方向和位置过程中,绳索与导线直接接触来回摩擦易造成绝缘绳磨损,影响绝缘绳性能,存在多方面的问题。

本项目的研究目的是针对当前架空输电线路导线异物挂线隐患频发和当前处理导线异物挂线作业工具及方法存在的问题,希望研制出一种新型工具应用于现场实际,弥补现有作业方法中存在的不足,简化作业过程,减少作业时间,降低作业难度,延长工具使用寿命,提高经济效益、安全效益和社会效益。

二、研究成果

本项目主要研究出一种操作简单、省时省力、安全高效的带电拆除导线异物专用工具,该工具包括悬挂部分、滑动部分、切割部分和脱离部分等四个部分,四个部分由连接孔、条形脱离拉板、半月形悬挂辅助导引板、带轴承的绝缘钩头、刀片及固定架、绝缘动力绳及五轴联动装置等主要部件组成,如图2.3.1、图2.3.2所示。

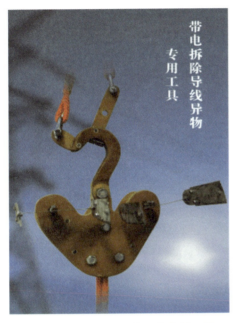

图2.3.1 带电拆除导线异物专用工具

图2.3.2 专用工具(俯视图)

采用的技术方案:将一根细绝缘牵引绳抛过架空输电线路悬挂异物导线,拉动细绝缘绳另一端将工具提升至导线附近,依靠半月形悬挂辅助导引板的导引作用使工具可靠地悬挂在导线上,在绝缘钩头内槽镶有的轴承的作用下,使工具在架空输电线路导线上轻松地滑到异物处,然后地面作业人员来回拉动绝缘动力绳,刀片在传动轴的带动下高速旋转切割导线上悬挂的异物,异物清理结束后,轻轻拉动与条形拉板连接的脱离拉绳,即可轻松完成工具的脱离。

在作业过程中,地面作业人员将工具悬挂在架空输电线路导线上,依靠高速旋转的刀片将异物切割掉,实现了在带电情况下快速高效完成导线悬挂异物拆除工作,与当前传统处理架空输电线路悬挂异物方法相比,简化了作业过程,减少了作业时间,降低了作业难度,延长了工具使用寿命,提高了经济效益、安全效益和社会效益。

三、创新点

本项目研究出的新型带电拆除导线异物工具主要有以下六个方面的创新点:

(1)新型工具采用蚕丝绝缘绳作为动力绳,采用环氧树脂材料作为装置材质,实现了带电情况下对异物的处理,避免了线路停电影响供电可靠性。

(2)新型工具将传统作业方法中的绞缠式拆除方式改变为切割式拆除方式,作业过程中,只需地面作业人员利用牵引绳将工具提升悬挂在导线处,拉动动力绳使得切割装置的刀片高速旋转即可将异物拆除。

(3)新工具在悬挂装置的设计上创造性地采用了半月形悬挂辅助导引板:两端钻孔,小孔一侧嵌入绝缘钩头部开的槽内,用铆钉通过小孔将其固定;另一端通过绝缘绳进行连接。悬挂工具时,地面人员通过牵引绳将工具拉至导线处,在导引板的作用下,工具便可顺利挂在导线上。

(4)为了使工具能够在导线上轻松滑动到异物处,我们在绝缘钩头内槽设计了一排弧形轴承,如图2.3.3所示。作业人员在地面利用绝缘绳施加动力,通过绝缘钩头内槽镶有的轴承,新型工具便可以在架空导线上滑动到悬挂异物处。

图2.3.3 绝缘钩头内槽设计一排弧形轴承

(5)新型工具在切割装置的设计上采用五轴联动旋转切割装置,上面两个动力轮通过传动轴与刀片固定架连接,下面三个是联动过渡轮,使用一根绝缘绳将动力轮与过渡轮串联起来,形成五轴联动装置(见图2.3.4),地面作业人员来回拉动绝缘动力绳,刀片在传动轴的带动下就会高速旋转起来,从而切除导线上悬挂的异物,如图2.3.5所示。

图 2.3.4　五轴联动装置

图 2.3.5　切除导线上悬挂异物

（6）工作结束后，为了使工具能够轻松地脱离导线，我们设计了条形脱离拉板：两端钻孔，小孔一侧嵌入绝缘钩头顶部开的槽内，用铆钉通过小孔将其固定；另一端通过绝缘绳进行连接。脱离时，只需拉动与条形拉板连接的脱离拉绳即可轻松完成工具的脱离。

四、效益分析

1. 经济效益

架空输电线路长期暴露在野外，点多面广，外部环境复杂，在大风天气下极易挂上塑料薄膜、风筝线、广告横幅等异物。2015年国网淮北供电公司输电带电作业班应用该新型工器具拆除导线异物作业45次，节省了大量费用支出。

传统作业方法与新型工具作业方法在人员、误餐补助及工具损耗（绝缘绳以30米为例，传统作业方法中使用的直径12 mm的绝缘绳约150元/米，新型工具作业方法中使用的直径8 mm的绝缘绳约70元/米）等经济方面的对比如下：

传统作业方法：

    人工成本=9(人)×1(天)×200(元／人·天)=1800(元)

    人员误餐补助=9(人)×1(天)×30(元／人·天)=270(元)

    车辆台班费=1(辆)×1(天)×300(元／辆·天)=300(元)

    工具损耗=150(元)×30(米)×33%(／米)=1485(元)

费用支出合计3855元。

新型工具作业方法：

    人工成本=5(人)×1(天)×200(元／人·天)=1000(元)

    人员误餐补助=5(人)×1(天)×30(元／人·天)=150(元)

    车辆台班费=1(辆)×1(天)×300(元／辆·天)=300(元)

    工具损耗=70(元)×30(米)×6.7%(／米)=140(元)

费用支出合计1590元。

对比新型工具作业方法与传统作业方法，每次作业新型工具作业方法可节省作业成本2265元，除去购买加工工具费用1000元和人员、试验及其他成本500元（新型工具研发成本），全年节约（节约费用－研发成本）$2265 \times 45 - 1000 - 500 = 100425$元，经济效益显著。

2. 社会效益

在当前电力负荷趋于紧张的形势下，采用新型工具进行带电拆除架空输电线路导线悬挂异物，能够高效完成拆除作业，避免了输电线路跳闸故障引发电网安全事件，另外该工器具处理异物不需要线路停电即可完成作业，减少了线路停电次数，提高了供电可靠性，保障了社会用电的可靠供应，降低了电网设备停电对工农业生产和居民生活的影响，具有良好的社会效益。

3. 安全效益

采用导线异物拆除专用工具拆除导线异物工作方便，操作简单，省时省力，优化了作业流程，降低了劳动强度，大大降低了作业人员安全风险，安全效益十分显著。

4. 推广应用

目前，带电拆除导线异物专用工具已在安徽省电力公司输电专业内推广应用，并取得了良好的效果，新工具也得到了业内人士的高度赞扬，同时多家电力设备生产厂家主动要求与我们合作，希望将工具进行产业化生产进而推向市场。鉴于新型工具在使用过程中带来的良好的经济效益、安全效益和社会效益，我们相信新型工具能够在整个系统内进行推广使用。

项目成员　张　涛　郝韩兵　王正波　黄纲要　柴从信　沈　毅　胡雷雷　王　飞　王　军

项目4
基于激光扫描技术的输电线路智能巡检管控平台

国网安徽检修公司

一、研究目的

随着以特高压为骨干网架大电网的建成,电网规模快速增长,传统的人工巡检模式(见图2.4.1)和"三位一体"巡检模式(见图2.4.2、图2.4.3)逐渐难以满足大电网运维的需要。主要体现在人工巡视存在视野盲区、认知误区,"三位一体"的立体化巡检无法实现通道环境的全方位、立体化展示和隐患智能管控,同时巡视数据为二维数据,不能形成三维立体感知。

为解决上述问题,国网安徽电力以"智能化、信息化、可视化"为手段,提出了智能巡检的理念,融合激光扫描、多光谱、全景和倾斜摄影、图像智能分析等技术,实现了输电通道的三维建模、实时工况分析、树障和外破隐患的智能识别和预警,显著提升了大电网运维管控水平,迈向了智能巡检的全新模式。

图2.4.1 传统人工巡检模式

图2.4.2 "三位一体"直升机巡检模式

图 2.4.3 "三位一体"无人机巡检模式

二、研究成果

（1）提出了一种针对输电线路主要设备和通道地物的激光点云自动分类技术。引入对初始三角网进行优化迭代加密的方法，高效完成大数据量的处理，实现激光点云数据的三维建模工作，建立基于激光扫描数据的三维展示平台。通过加入风速、温度因子，开展大风、高温、覆冰等实时运行工况智能分析，自动查找隐患点并进行预警。缺陷发现时间由过去的 3 个月缩短为 2 天，避免了人力巡视的盲区，并形成三维展示模型。激光点云提取过程如图 2.4.4 所示。

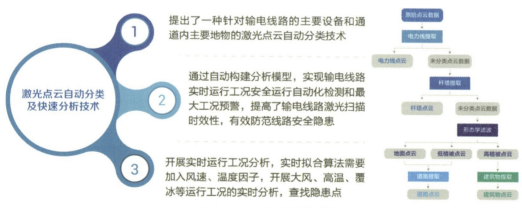

图 2.4.4 激光点云提取过程

（2）提出了一种融合激光点云和多光谱影像的架空输电线路走廊植被自动识别和智能预警技术，分别如图 2.4.5、图 2.4.6 所示。利用无人机多光谱扫描，收集树种多光谱信息，创建光谱信息库，集成激光扫描数据，实现树种的自动识别功能。结合现场的高程、植被等信息，利用输电线路通道林木的先验信息（输电线路电压对周边树木生长的影响）和样本信息作为随机变量，引入贝叶斯法，建立树木生长趋势模型，根据激光扫描的线路信息，实现树线隐患的智能预警，并进行风险动态评估,发布评估报告,避免了人力巡视的认知误区。

图2.4.5　输电线路走廊植被生长分析

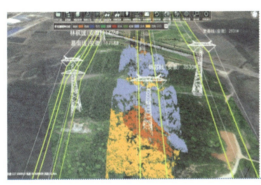 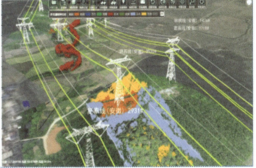

图2.4.6　输电线路走廊植被智能识别及树竹隐患自动预警

（3）提出了一种融合激光点云、全景摄影技术、倾斜摄影技术的重要输电通道管控技术。通过将激光点云数据与360°全景摄影、倾斜摄影数据进行融合,将两种数据进行匹配,完全再现线路通道环境的真实情况,把线路通道设备及运行环境都置于一个真实的三维世界中,实现通道的可视化,真正做到了360°无死角的通道管理,将传统巡视的二维成果变为三维立体感知,可广泛应用于线路运行维护、应急抢修、勘查设计等。交跨点查询统计如图2.4.7所示,重要三跨区段展示如图2.4.8所示,任意交跨点测距如图2.4.9所示。

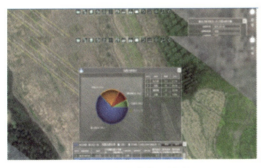 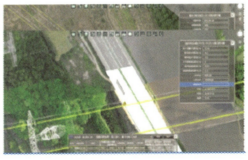

图2.4.7　交跨点查询统计　　　　　　图2.4.8　重要三跨区段展示

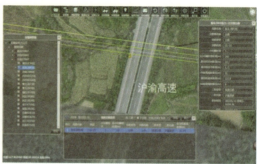

图 2.4.9　任意交跨点测距

三、创新点

（1）建立输电通道三维模型，实现运行工况的智能分析和隐患的自动预警。通过对激光点云数据的自动分类及快速分析，快速建立输电通道三维模型，实现了输电线路实时运行工况隐患的快速检测和最大工况预警，隐患预警检测时间由以往的 30 天缩短为 2 天，大大提高了输电线路激光扫描隐患发现的时效性，保障了线路安全运行，如图 2.4.10～图 2.4.13 所示。

图 2.4.10　输电通道三维模型

图 2.4.11　大风工况模拟分析

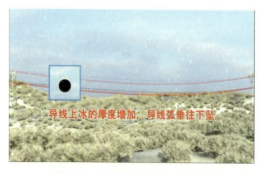

图 2.4.12　覆冰工况模拟分析

图 2.4.13　高温工况模拟分析及预警

（2）建立树种光谱信息库和生长模型，实现树种智能识别和树患的自动预警。

对同步采集的高精度激光点云数据、高分辨率数码影像数据以及多光谱影像数据进行融合分析，通过提取、预分类、配准等过程，提取出不同树种的点云，建立树种光谱信息库，如图2.4.14所示；综合植被的光谱特性和点云形态特征，建立林木高度生长模型，如图2.4.15所示；实现了对线路走廊植被树种的智能识别、树木生长高度的自动预测和树患的自动预警，如图2.4.16所示。

图2.4.14　树种光谱信息库

图2.4.15　树木生长模型

图2.4.16　树木生长高度自动预测和树患预警

（3）融合360°全景和倾斜摄影技术，实现通道三维重构和实景还原。融合无人机360°全景和倾斜摄影技术（分别见图2.4.17、图2.4.18），将线路设备及运行环境进行三维重构和实景还原（见图2.4.19），完全再现线路通道环境的真实情况，同时还实现了线路任意点距离的自动检测（见图2.4.20），真正做到了360°无死角的通道管理。

图2.4.17　全景摄影技术

图2.4.18　倾斜摄影技术

图2.4.19　通道三维重构和实景还原

图2.4.20　任意点交跨距离自动检测

（4）集成图像智能分析技术，实现通道异常的智能判断和实时预警。通过与视频监控、山火监测及分布式故障诊断等装置互联，可实时查看"三跨"、外部隐患等重点区段运行状态，智能判断现场隐患并推送信息至指定联系人进行预警，实现了对现场异常的智能判断和实时预警，确保了现场在线管控。如图2.4.21～图2.4.24所示。

图2.4.21　集成视频监控等系统

图2.4.22　"三跨"实时监控

图2.4.23　山火隐患的智能识别与自动告警

图 2.4.24　通道异常现象的智能识别与自动告警

四、项目成效

1. 项目成果

本项目建设智能巡检管控平台1套，已获得受理发明专利2项，在核心期刊发表论文2篇，参与行业标准编写1篇。项目获2016年中国测绘地理信息学会勘测科技进步一等奖。项目成果达到了国内领先水平，其中激光扫描数据的自动分类和快速分析技术，使发现缺陷时间由过去的3个月左右提高到2天，处于国际先进水平。

2. 经济效益

项目经济效益情况如图2.4.25所示。

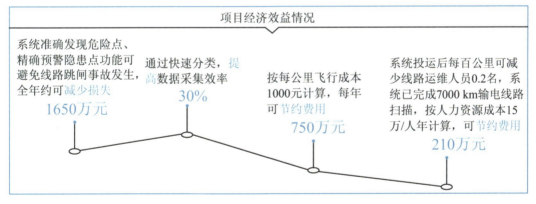

图 2.4.25　项目经济效益情况

（1）项目成果的应用可及时发现输电线路重大隐患，降低线路故障率。仅2016年就及时发现处置100多起重大隐患，其中"三大直流"等特高压线路重大隐患10余起，减少"三大直流"等特高压输电通道输电量损失1650余万元。

（2）项目促进了无人机激光扫描作业在输电专业班组日常运维工作中的应用，

减少了直升机激光扫描次数,每年可节约成本费用约750万元。

(3) 激光点云的自动分类和快速分析技术使数据采集处理效率提高30%。

(4) 随着效率的提升,可减少系统运维人员的配备,节约相关人力成本210万元/年。

3. 社会效益

(1) 革新了传统的输电线路运维管理模式,推动电网的运维管理从数字化、可视化迈向了智能化、精益化的方向。

(2) 实现了危险点及时发现、隐患点准确预测,强化了输电网运维精细成本管理能力,节约了运维成本,提高了重要输电通道的安全管理水平,实现了电网的精益运维、卓越运营。

(3) 系统投入使用以来,为运维管理部门、科研单位、基层单位提供高效服务,已在多次事故预演、风险预警和故障应急抢修工作中发挥积极作用。

(4) 为"三大直流"等特高压输电通道运维保障工作增添了安全保障。

目前,安徽公司已完成126回输电线路直升机通道激光扫描,其中±800 kV输电线路2回,±500 kV输电线路4回,500 kV交流线路68回,220 kV交流线路52回,作业里程达到6707.59公里。

4. 推广和应用

目前,国家电网公司系统内已有多个单位在应用本项目成果。2017年5月,广东电网公司来皖调研该项目,并应用和推广该项目成果。

项目成员　李　坤　石永建　操松元　汪　晓　郭振宇　操礼峰　陆　俊　严　波　方登洲　刘志林　郭可贵　代洪兵　况亚萍　周　涛　王法治

项目5
输电线路直线角钢塔避雷线提升吊点工器具

国网宿州供电公司

一、研究目的

在现有运行的架空输电线路直线角钢塔中,避雷线通过连接金具与杆塔固定实现对地的电气通路,在工作中起着防雷等重要作用。传统作业方法进行安装、检修连接金具时,劳动强度大,工作效率低,安全风险较大。而由于避雷线支架附近无合适挂点且连接金具长度较短,无法使用提线省力工具转移避雷线荷载。

本项目旨在研究出一种吊点提升装置,来固定虎口提线器等省力工具,减少塔上作业人员数量,减轻作业人员的劳动强度,提高作业人员的工作效率和质量,保障人员和设备安全。

二、研究成果

经过对输电线路直线角钢塔避雷线连接金具检修工作两种传统更换作业方法(传统钢丝绳套缠绕法、使用链条葫芦或虎口提线器提升导线法)的调查分析,我们得出结论:使用现有工具更换避雷线连接金具工作效率低,危险系数高。如何在检修直线角钢塔避雷线连接金具工作中,为省力工具找到合适的挂点是解决上述问题的关键。

1. 目标分析

根据前面的调查分析,我们研制的吊点提升工具应达到以下目标:
(1)降低高空作业人员提升避雷线过程中的受力,提高作业安全性。
(2)增加虎口提线器的提升行程,便于检修作业的开展。

2. 设定目标，进行量化

（1）提升避雷线过程中作业人员承受重量不高于 5 kg。

（2）虎口提线器或链条葫芦提升行程即提升高度达到 150 mm 以上。

（3）对确定的目标提出方案并进行分解加工，保证吊点提升工具具备紧固、提升和转向三大主要功能。

3. 新研制工具的功能

作业人员根据高空作业的合适位置，将新研制工具的平衡底座卡在避雷线挂点的角钢上，活节型螺栓和半月卡拧紧固定在挂点角钢上；挂板上的两圆孔一侧悬挂虎口提线器，另一侧悬挂滑车；作业人员扳动虎口提线器提升避雷线，转移荷载后，进行悬垂线夹的检修作业；另一侧滑车可以用来上下传递工具、材料，必要时也可用于避雷线的后备保护；转动窄三角挂板，可以使吊点与避雷线在同一铅垂线上，以方便提升。如图2.5.1、图2.5.2所示。

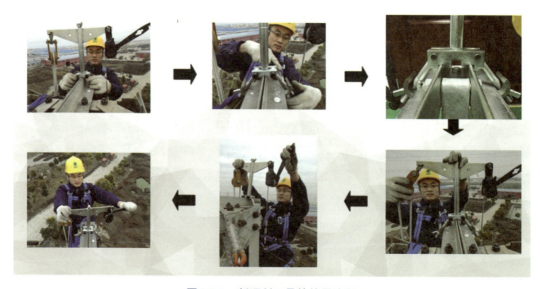

图2.5.1　新研制工具的使用流程

图2.5.2 专用工具现场试用

4. 成果应用情况

现场试用利用线路停电机会进行,具体试用情况按以下步骤开展:第一、二次试用选择在垂直档距较小、杆塔荷载较小的线路上进行,目的是试验工具的操作是否方便灵活,第三、四次试用选择在垂直档距较大、杆塔荷载较大的线路上进行,目的是试验工具的承载能力。表2.5.1给出了使用专用工具在研制过程中所做的4次现场试用的相关参数情况。

表2.5.1 专用工具现场试用相关参数

序号	试用现场	地线截面/mm²	垂直档距/km	荷载估算/kg	塔上作业人数/人	使用情况
1	110 kV 虹泗线70#塔	70	0.261	149	1	试用成功
2	110 kV 姬灵线95#塔	70	0.195	135	1	试用成功
3	220 kV 国双线96#塔	80	0.365	239	1	试用成功
4	220 kV 姬双线56#塔	80	0.285	177	1	试用成功

通过试用达到预期设定的效果后,专用工具现已在日常更换避雷线线夹工作中使用,完全替代了原有的检修方法,正逐步向全省推广。该工具方便实用,省时省力,将逐步淘汰原有的检修方法。

三、创新点

小组成员首先提出直线角钢塔避雷线蝶形支撑式提升吊点应具备三大新功能:

(1) 紧固功能。主要实现随安装位置不同的随时紧固,将平衡底座卡在避雷线挂点的角钢上,活节型螺栓和半月卡拧紧固定在挂点角钢上。

(2) 提升功能。实现现有吊点高度的提升,同时设置相应挂点实现手扳葫芦和滑车等工具的悬挂使用,作业人员扳动虎口提线器提升避雷线,转移荷载后,进行悬垂线夹的检修作业。

(3) 转向功能。工具使用前及使用过程中可适应现场情况随时调整滑车等工具的位置以便于作业人员操作,转动窄三角挂板,可以使吊点与避雷线在同一铅垂线上,从而方便提升。

通过上述三个新功能,实现了设定的提高作业安全性、提高行程便于检修的目的。

四、项目成效

1. 经济效益

新工具在实际工作中的使用,大大减轻了作业人员的劳动强度,提高了工作效率,减少了作业开支,缩短了工程时间,产生了很大的经济效益。改进了传统的作业方法,不仅安全,还缩短了作业时间,增加了供电量。对使用传统方法和使用新工具进行地线检修各项成本的分析如表2.5.2所示。

表2.5.2 传统方法和使用新工具进行地线检修各项成本分析

类别 施工方法	人员数/人	停电时间/小时(不含停送电操作)	工时价格/(元/人)	人工费/元	因停电减少供电收入/元
传统方法	3(1地面)	1.5	30	3×1.5×30=135	60000×1.5×0.8=72000
使用新工具	1	0.8	30	1×1×30=30	60000×0.8×0.8=38400

传统施工方法的总成本为135+72000=72135元,使用吊点提升工具后的总成本为30+38400=38430元。由此可以看出,使用新工具每次检修节省的经济成本为72135-38430=33735元,效益非常可观。

2. 安全效益

使用直线角钢塔架空避雷线提升吊点工器具进行检修工作,降低了安全风险,规范了现场安全作业行为,提高了工作的安全性,为企业、社会创造了无形的安全效益。

项目成员	许启金	廖志斌	曹新义	赵敏	叶辉	王伟	李德波
	王元龙	吴国军	李荡	于启万	吴伟	吴翔	郑浩
	李庆兴						

项目 6
架空地线腐蚀检测仪

国网安徽电科院

一、研究目的

架空地线作为架空输电线路的重要组成部分,其腐蚀严重危害输电线路的安全稳定运行。近年,因地线腐蚀导致多起事故:

(1) 2014年2月18日7时28分,某供电公司易莲2D32线路跳闸,两套主保护光纤纵差保护C相跳闸,重合不成三跳,保护测距,距莲塘变3.9 km,现场大雪厚7~10 cm。省公司运检部立即组织开展故障查线,11时14分发现79#—80#大号侧左首架空地线断线,如图2.6.1(a)所示。该线路为1984年投运,钢绞线型号为GJ50,单根线直径3 mm。经抢修后利用附线绑扎对接。现场取样的钢绞线如图2.6.1(b)、(c)所示,外层钢绞线严重锈蚀,经测量,钢丝严重锈蚀,部分钢丝截面积损失接近一半。

(2) 2017年9月6日8时4分,某供电公司220 kV某线路#8塔架空地线腐蚀断裂,掉落至线路A相导线上,引起跳闸,该地线穿越某化肥厂,钢绞线多处散股,严重减细。如图2.6.2所示。

(3) 2010年10月3日17时40分,某市超高压局管辖的某Ⅱ路C相故障跳闸,重合闸不成功,故障巡查发现#21-#22档的左、右2根地线,#24-#25档右地线因锈蚀断线。地线型号为GJ-70型稀土锌铝合金镀层钢绞线,运行11年。

(a) 断线现场

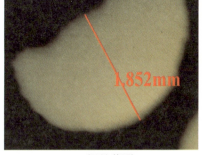
(b) 钢丝截面

(c) 绞线断口

图 2.6.1　某公司钢绞线腐蚀断线情况

(a) 断线现场

(b) 绞线断口

图 2.6.2　220 kV 某线路#8塔架空地线腐蚀断裂情况

（4）国网某省检修公司李相栋报道了一起某 500 kV 线路老线路段地线腐蚀断股情况，钢绞线型号为 GJ—70，投运 26 年，在位于某窑厂上方的线路段出现了 20 多处断点，断股最多达到 7 股（断 3 股即为危急缺陷）。

（5）某省电科院报道了一起某 500 kV 输电线路架空地线腐蚀断裂的事故。结果显示空气中的 SO_2 是关键因素，通过形成硫酸盐参与镀锌层的溶解和 Fe 基体的腐蚀，造成了镀锌地线的加速腐蚀至断裂。

从实际情况来看，我省乃至全国有大量老旧地线，大面积更换老旧线路并不现实,而且对于那些在非恶劣环境中正常运行的有年限线路来说也是资源的极大浪费。对于服役20年以上的架空地线(钢绞线、部分钢芯铝绞线),其腐蚀行为变得异常复杂,掌握架空地线的腐蚀程度难度极大,但腐蚀行为对于其力学性能的退化和剩余服役期限有着至关重要的影响,所以了解架空地线腐蚀程度对输电线路的安全稳定运行至关重要。常规的微观结构腐蚀研究和力学性能检验只能取样进行,难以对整根地线进行检测,实验结果的准确性高度依赖随机的取样位置,对于准确的剩余寿命预测帮助有限。为了避免断线跳闸事故发生,同时减少提前换线造成的浪费,开发一种能够在线、无损检测架空地线腐蚀情况的方法是十分重要且紧迫的。

二、研究成果

本项目首先采用标准的盐雾试验箱,模拟特定环境参数下材料加速腐蚀的过程(见图2.6.3),通过交流阻抗谱技术(包括相关的伏安技术等)研究不同条件下腐蚀的速率,以及不同腐蚀阶段材料的电化学特征,特别是界面阻抗、感抗及容抗特征。根据获得的结果,对比不同环境参数条件下服役的材料、不同服役寿命的材料、失效的材料、未服役材料的电化学特征及电学特征,结合有限元分析应力计算(见图2.6.4),我们掌握了架空地线腐蚀的普遍规律。

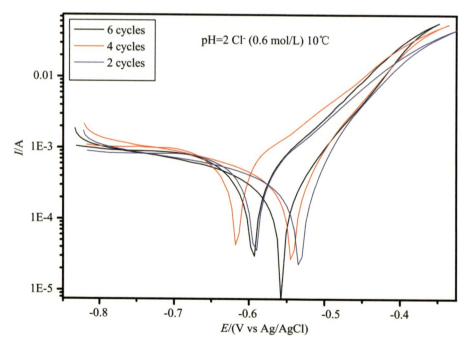

图2.6.3 实验室模拟氯离子对地线的腐蚀

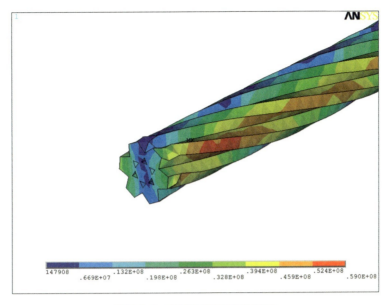

图2.6.4 地线有限元应力分析

更重要的是,不同腐蚀阶段下的腐蚀减薄、腐蚀物堆积与腐蚀坑深度改变着导线的交流电学特性。我们研究发现,在高频交变电流激励下,趋肤效应导致信号沿导线表面传输,随着腐蚀进行,感抗增大使得其虚导纳特征频率单调向高频移动(见图2.6.5)。这是首次将虚导纳谱引入金属腐蚀研究领域,深入理解"虚导纳特征频率"和"低频阻抗"与钢绞线腐蚀程度的相关性,为架空地线的腐蚀检测奠定了基础。

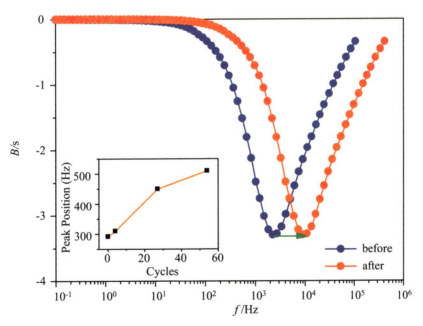

图2.6.5 腐蚀前后导纳谱的变化(内插图为虚导纳特征频率与腐蚀周期的关系)

据此,我们开发了一种在线、无损检测架空地线腐蚀程度的装置,对架空地线通以"固定振幅,递减频率"的交变电流,同时测定"虚导纳特征频率"和"低频阻抗"(见图2.6.5、图2.6.6),通过比对实验室获得的"虚导纳特征频率"和"低频阻抗"与钢绞线腐蚀程度的关系,即可科学表征地线腐蚀程度。

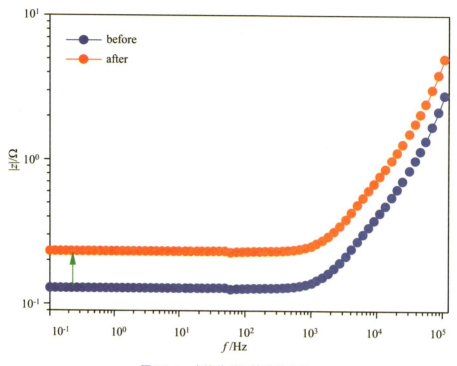

图2.6.6　腐蚀前后阻抗谱的变化

结合架空地线腐蚀的普遍规律,我们建立了架空地线腐蚀程度与使用寿命相关性模型(见图2.6.7),据此可推测出服役状态下材料的剩余服役寿命。

$$Y = \left[\frac{T \times (K-X) \times 3}{Z \times 2 + P \div 2.5} - K \right] \div n$$

Y：剩余寿命(年)　　Z：低频阻抗增幅
K：服役年限(年)　　P：虚导纳特征频率偏移幅度
X：锈斑出现年限(年)　n：安全系数
T：换线依据,截面积衰减程度

图2.6.7　架空地线腐蚀理论分析模型

我们将这种方法集成于一台笔记本电脑大小的便携式腐蚀检测仪(见图2.6.8)中,仪器小巧轻便,操作简单,造价合理。检测架空地线时,仅需在电杆上将仪器引线连接地线,短短十分钟,就能实现架空地线腐蚀程度的在线、无损检测以及地线剩余寿命的评估(见图2.6.9)。

本项目首次建立了地线腐蚀早期检查评估方法,填补了国内架空地线腐蚀程度在线检测的空白,此种导纳谱检测技术尚无国内专利报道,属于创新技术。该研究对提高地线服役的安全系数、减少因断线造成的经济损失意义重大,其经济效益、社会效益显著。

图2.6.8　架空地线腐蚀检测仪

图2.6.9　仪器使用现场

三、创新点

通过对钢绞线腐蚀规律以及检测方法的研究,本项目取得的创新如下:

(1) 基于模拟腐蚀实验,研究了腐蚀条件(离子类型、浓度、pH)对钢绞线腐蚀规律的影响,以及腐蚀程度对钢绞线电学性能的影响,证实了虚导纳谱特征频率的变化规律与剩余截面积(力学性能)衰减规律有单调相关性。

(2) 基于不同腐蚀程度的钢绞线虚导纳特征频率以及低频阻抗的变化规律,结合在役地线的测试结果,构建基于虚导纳谱和低频阻抗的寿命预测理论模型,可为地线换线提供参考。

(3) 首次提出了利用虚导纳谱作为钢绞线腐蚀程度监测预警的手段,为实现架空地线无损、在线监测奠定了基础;基于不同腐蚀程度的钢绞线虚导纳特征频率以及低频阻抗的变化规律,开发了架空地线腐蚀程度在线检测装置。

四、项目成效

(1) 项目研发过程中申报国家专利4项:《用作架空地线的钢绞线的股线腐蚀程度无损检测方法》(201610894367.1),已受理;《一种架空地线腐蚀程度的无损在线检测方法》,已提交;《一种圆线同心绞架空导线综合性能测试装置》(201510564361.3),已授权;《一种用于卧式拉力试验机的圆线同心绞架空导线用夹具》(201520688424.1),已授权。

(2) 发表论文2篇:《高频交变导纳信号对钢绞线腐蚀的研究》;《腐蚀离子种类、浓度及腐蚀环境对钢绞线腐蚀热力学和动力学作用规律》。

(3) 项目应用情况。

本项目已在安徽省电力公司系统内十余家地市公司应用,采用导纳特征频率与低频阻抗相结合的方法预测的结果与采用传统方法预测的结果高度一致。例如:

① 应用于阜阳供电公司,对邢阜781线进行了导纳谱检测,并进行了寿命预测,结果显示可继续服役36.49年,所得结果与基于截面积检查的结果高度一致。

② 应用于滁州供电公司,对宝天631线进行了导纳谱检测,并进行了寿命预测,结果显示可继续服役8.38年,所得结果与基于截面积检查的结果高度一致。

项目成员 缪春辉 滕 越 王若民 朱胜龙 严 波 季 坤 陈国宏 张 洁

项目 7
输电线路无人机测距装置

国网铜陵供电公司

一、研究目的

架空输电线路运行环境较为恶劣,具有点多、线长、面广的特点,且长期暴露在野外,线路安全监控难度大,加之运维环境复杂多变,影响输电线路安全运行的外界因素不断增加,诸如线路走廊内大规模种植高大树木、修建蔬菜大棚等违章建筑物、构筑物等,特别是对于存在视觉偏差,不易人为测量树线距离处,存在较大安全隐患。目前,输电运维管理部门测量导线与导线下方物体距离的最常见的方法是利用激光测距仪或电子经纬仪测量。以电子经纬仪为例,该方法运用广泛,操作简便,但由于电子经纬仪自身标定时的精度偏低,且测量时必须选取水平操作平台,目镜测量范围有限,无法对现场特殊区域进行测量,尤其是对线路走廊狭窄地区线下成片高大林木距离的测量受到地形限制无法开展。

综上所述,为改进传统测量方式,突破测量作业环境条件限制,研制一种无人机搭载精确测距系统装置,代替传统的测量方法,实现复杂地形环境输电线路导线定点精确测量,具有重大意义。

二、研究成果

随着超声波测距技术及激光测距技术的日益成熟,以及无人机在电网运行各领域的广泛应用,本项目提出一种采用无人机搭载超声波、激光测距设备和倾角测量传感器的测距系统,无人机平台在操作人员遥控下靠近输电线路,对需要测量的树障隐患进行定点测量,并把测量数据实时返回到地面站显示系统进行分析、展示。无人机线路测距系统的研制与应用,可以覆盖经纬仪测量方法无法作业的盲区,扩大人工线路巡视范围,提高对输电线路线下树障的测量效率。

无人机测距系统主要包括无人机系统、图像采集系统、测距系统和地面站。无人机系统通过机载GPS定位系统实时获得无人机飞行高度、速度、位置等信息,机载变焦摄像机实时记录拍摄图像信息,通过机载5.8 GHz无线数据传输单元把飞行数据和图像数据传输到地面站的监控器,为操控人员提供及时准确的数据支持。为实现图像采集与测距装置的有效结合,系统配备测距显示系统,由专门人员负责测距工作,当地面工作人员通过工作站向机载测距单元发送采集指令之后,机载数据采集模块根据指令完成数据采集,并通过机载433 MHz无线数据传输单元把测得的数据发送到地面工作站,地面工作站对数据进行分析、计算、保存。

系统架构和系统软硬件开发如图2.7.1所示。

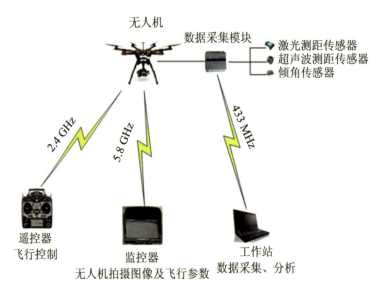

图2.7.1 系统架构图

吊舱功能结构图如图2.7.2所示。

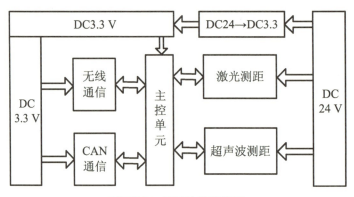

图2.7.2 吊舱功能结构图

超声波吊舱及激光测距单元安装位置如图2.7.3所示。

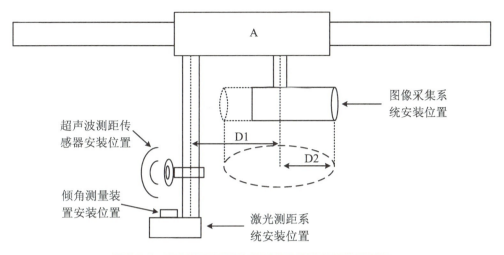

图2.7.3 超声波吊舱及激光测距单元安装位置示意图

测量示意图如图2.7.4所示。

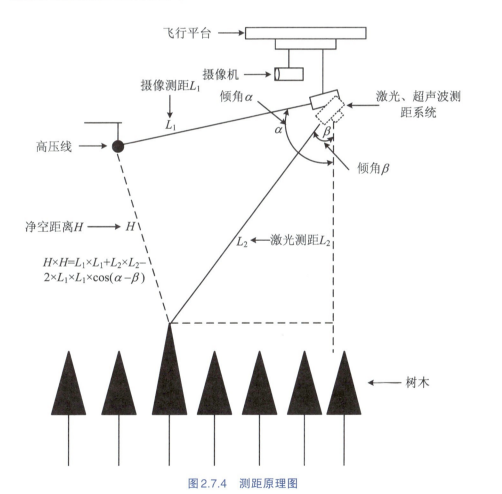

图2.7.4 测距原理图

吊舱软件主要用于实现对吊舱控制器的初始化及各测量设备的初始化与数据读取,其工作流程如图2.7.5所示。

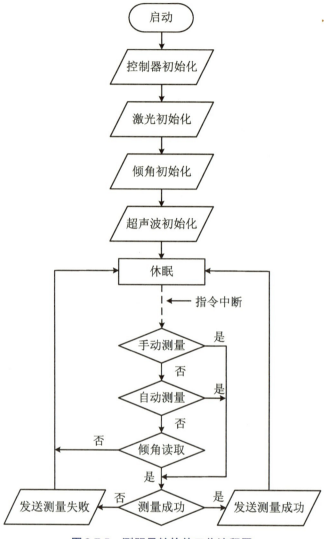

图2.7.5　测距吊舱软件工作流程图

系统地面站接收分析展示主要包含两部分,一部分为图像分析展示,另一部分为超声波数据分析展示,图像分析展示部分完成无人机平台发送图像数据的接收与展示,超声波数据分析展示部分完成超声波测距数据的接收与展示。上位机分析展示界面如图2.7.6所示。

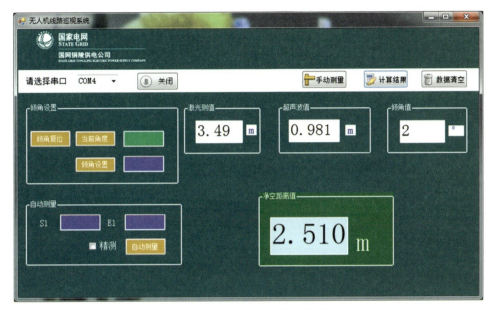

图2.7.6 上位机分析展示界面

三、创新点

项目主要创新点有以下3点：

(1) 无人机技术与输电线路巡视相结合。通过无人机的应用,使得输电线路运行维护人员能够方便高效地对所辖范围内的线路进行巡视,大大提高了线路巡视效率。

(2) 无人机技术与激光测距及超声波测距技术相结合。激光测距及超声波测距技术与无人机技术相结合,不仅扩展了无人机的应用范围,同时也扩展了测距技术的应用范围,使曾经只能应用于地面测距的激光和超声波测距技术能够应用于输电线路线下净空距离的测量。

(3) 测距技术与倾角测量技术相结合。倾角测量技术的应用,使得对线下净空距离的测量成为可能,结合激光测距技术,确保对大面积树障的测量更为准确。

四、项目成效

1. 现场应用效果

铜陵供电公司选取班组所辖开发区变和顺乌484线78号附近现存净空10米及以下树障,采用无人机搭载超声波测距系统对输电线路走廊下方树障进行测量,并将测量结果与使用手持激光测距仪测量数据比对(如表2.7.1所示),结果表明使用无人机测距数据误差率均不超过±5%,结果准确,满足树障净空测量精度要求,效果明显。因此,利用无人机搭载超声波测距使用便捷,且测量时受地形影响较小,便于推广。测距系统组装和现场使用情况如图2.7.7所示。

表1 现场测距结果对比

测试地点	飞行平台测得数据/m	测距仪测得数据/m	误差率
开发区变	8.50	8.85	3.95%
	8.45	8.84	4.41%
	8.48	8.80	3.63%
	8.50	8.87	4.17%
	8.47	8.83	4.07%
	8.52	8.90	4.26%
	8.47	8.88	4.61%
	8.53	8.85	3.61%
	8.59	8.90	3.48%
	8.57	8.93	4.03%
顺乌484线78号	7.68	7.98	3.75%
	7.72	8.01	7.62%
	7.69	8.00	3.87%
	7.65	7.99	4.25%
	7.65	7.95	3.77%
	7.68	7.94	3.27%
	7.72	8.10	4.69%
	7.80	8.05	3.10%
	7.68	7.99	3.87%
	7.81	8.07	3.22%

 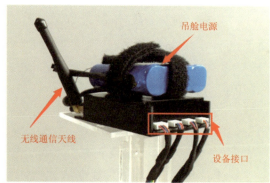

图2.7.7 测距系统组装和现场使用

图 2.7.7　测距系统组装和现场使用(续)

2. 应用效益

（1）该项目针对性强，促进了对线下树障净空距离测量工作的有效开展，为实现线下树障净空距离测量提供了科学手段。

（2）该项目配套系统已在铜陵公司试运行，效果良好，提升了对输电线路线下净空距离的检测能力，实现了对输电线路线下净空距离的高效、准确测量。

（3）传统线路巡视工作周期长、效率低、实时性差，现在通过部署实施"输电线路无人机测距装置"，能够实现对线下净空距离和输电线路周围树障分布情况的有效检测，提高了工作效率及信息采集的速度和精准度，顺应了现阶段政府提出的节约型社会及工业信息化的号召。

项目获得的成果有：发表论文《输电线路的无人机测距技术研究》一篇，获批发明专利《一种用于输电线路的无人机测距装置及其测距方法》及实用新型专利《一种用于输电线路的无人机测距装置》。

3. 市场前景

本项目通过无人机平台与测距吊舱的有效结合，实现了对输电线路线下净空距离科学合理的测量。通过本系统的实施，输电线路巡视及运维人员可以更高效地掌握输电线路线下树障情况，及时排查输电线路存在的安全隐患，从而确保电力供应系统安全、稳定、高效地运行，应用前景广阔。

项目成员　董泽才　黄扉　刘昌帅　冒文兵　朱宁　吴圣才　赵以明　苏世　吕孝平　任寅平　刘磊　缪超强

项目 8
多回路杆塔防误登闭锁装置

国网安庆供电公司

一、研究目的

根据国网公司规定,作业人员登杆塔前应核对停电检修线路的识别标记和双重名称无误后,方可攀登。登杆塔至横担处时,应再次核对停电线路的识别标记和双重称号,确实无误后方可进入停电线路侧横担。

但由于部分杆塔上杆号牌安装位置不规范,杆号牌内容不清晰,横担上的油漆颜色掉色严重,已经达不到当初设计辨识的要求,给登杆工作带来了一定的风险。

安庆供电公司经过不断探索改进,研制出一种同杆双回线路防误登闭锁装置,有效地阻止了人员误登带电杆塔,降低了作业风险。

二、研究成果

因不同的线路具有不同的双重称号,该多回路防误登闭锁装置采用两部分组成:一部分为机械闭锁装置,固定在杆塔上,在装置上安装一开关锁,机械控制装置的打开与关闭;一部分是防误登标识牌,不同线路采用不同的标示牌用防水胶进行粘贴。

作业人员在作业时,爬到杆塔上,核对线路双重称号,然后使用工作负责人配发的解锁钥匙进行解锁,如果无误,方可打开闭锁装置,进入停电线路侧横担进行工作;如欲进入带电线路侧横担,则将打不开闭锁装置,被闭锁装置强制阻挡在外,无法进入带电线路侧横担。

对双回线路的塔形结构及人员登塔进入工作区域的位置进行详细的分析、确定后，我们认为多回路杆塔防误登闭锁装置安装在横担处的主角钢位置最为合适。防误登闭锁装置安装情况如图2.8.1所示。

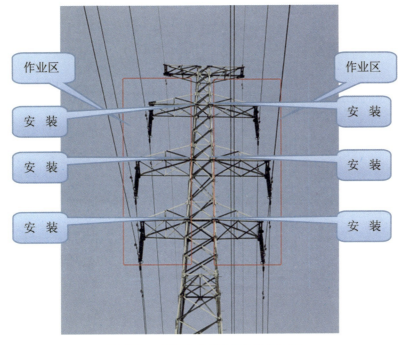

图2.8.1　防误登闭锁装置安装示意图

防误登闭锁装置的设计图如图2.8.2所示。

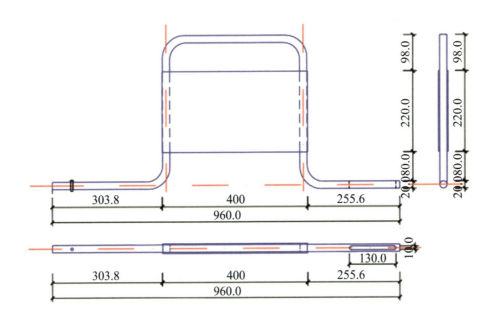

图2.8.2　防误登闭锁装置设计图

防误登闭锁装置实物图如图2.8.3所示。

图2.8.3　装置实物图

防误登闭锁装置使用情况如图2.8.4所示。

龙安2845线闭锁装置关闭，阻止人员通行

龙安2845线闭锁装置打开，人员通行

龙安2846线闭锁装置关闭，阻止人员通行

龙安2846线闭锁装置打开，人员通行

图2.8.4　防误登闭锁装置使用示意图

三、创新点

该装置具有以下创新点：

（1）装置具有强制物理闭锁功能，彻底解决了双回路杆塔工作人员误入带电侧的隐患。

（2）装置使用上、下两点U形夹板固定的方式进行固定，解决了装置牢固性较差，长时间后容易偏离原安装位置的问题，且不影响作业人员上下攀爬杆塔。

（3）杆塔的型号很多，不同杆塔上横向角钢与下横向角钢之间的距离是不同的，该装置使用滑轨设计，使装置可以滑动伸缩，大小长度可变，可适用于各种型号杆塔。

四、项目成效

多回路杆塔防误登闭锁装置的研制，可强制性防止人员误入带电侧，彻底杜绝作业人员误入带电侧线路，降低了同塔双回作业中的风险系数。及时、彻底地杜绝了作业人员误入带电侧线路造成的人员伤亡事故，消除了在同塔双回线路上作业的安全隐患，确保了人身、电网、设备的安全和稳定运行。

安全效益：该多回路杆塔防误登闭锁装置的研制，可强制性防止人员误入带电侧，彻底杜绝了作业人员误入带电侧线路，降低了同塔双回作业中的风险系数。

社会效益：通过此装置，能及时、彻底地杜绝作业人员误入带电侧线路造成的人员伤亡事故，消除了在同塔双回线路上作业的安全隐患，确保了人身、电网、设备的安全和稳定运行。

经济效益：单个装置的材料费及制作费为400元，每基杆塔需要12个闭锁装置，总投资约5000元，但该成果能有效杜绝人员误登带电线路造成的触电事故，间接降低了因停电事故造成的经济损失。

项目成员　余　斌　甘先苗　邢海宇　吴剑鸣　齐继富　胡雄飞　彭　标　华　康　钟建伟　徐四勤　王　蓓　单德森

项目9
多功能杆塔接地电阻测量箱

国网安徽检修公司

一、研究目的

电力行业相关规程标准要求杆塔工频接地电阻应进行周期性测量,用于500 kV输电线路杆塔接地电阻的测量方法为"三极布线法",测量仪器通常使用ZC-8型接地电阻测试仪(接地摇表),测量时需要分别将两根长为40米和25米的连接线一端连接摇表的电流极和电压极端子,另一端沿线路垂直方向向外布开。测量杆塔接地电阻使用的工器具如图2.9.1所示。

图2.9.1 测量杆塔接地电阻使用的工器具

实际测量时的工器具布置及接线连接图如图2.9.2所示。

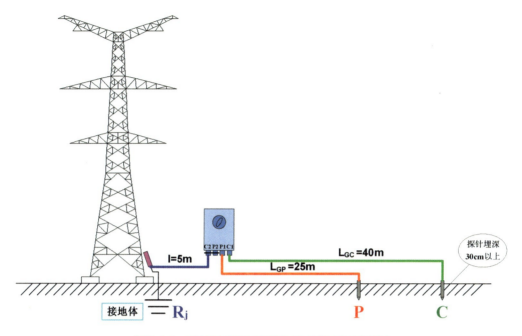

图 2.9.2 "三极法"测量杆塔接地电阻布置接线图

在杆塔工频接地电阻现场检测作业中,存在如下问题:(1)工作任务量大,工作效率低。(2)不易操作,易产生额外工作量。(3)测量中使用的工器具较多,整理、携带不方便。(4)工器具操作存在不规范性因素,导致重复调节测量。

如何提高工作效率、缩短作业用时?为解决上述问题,国网安徽省电力有限公司检修分公司设计并制作了杆塔多功能接地电阻测量箱。

二、研究成果

本项目研制了一种多功能杆塔接地电阻测量箱,包括箱体及放置在箱体内的双轴承轮盘收放线器、双轴承轮盘收放线器的固定装置、用来固定仪器及工器具的硬质泡沫固定槽。所述固定装置包括固定在箱体底层的底座、固定在底座上的固定支撑架,底座位于硬质泡沫固定槽的下层。所述双轴承轮盘收放线器包括第一单轴承轮盘、第二单轴承轮盘、连接螺杆、插接板、两个导向控制轮,连接螺杆依次穿过第一单轴承轮盘、插接板、第二单轴承轮盘固定,两个导向控制轮固定在插接板上部的两侧。

本实用新型测量箱不仅能够存储接地电阻测量中的各种仪器及工器具,而且能够为接地电阻测量工作提供一个稳固的操作平台,收放线省时省力,提高了接地电阻测量的工作效率。操控平台整体结构装置如图2.9.3所示。

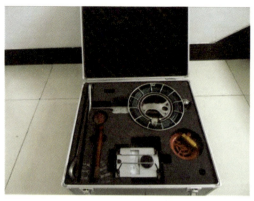

图 2.9.3　操控平台整体结构装置

项目部分创新成果如图 2.9.4 所示。

图 2.9.4　部分创新成果

三、创新点

设计并制作了多功能杆塔接地电阻测量箱,包括箱体及放置在箱体内的双轴承轮盘收放线器、双轴承轮盘收放线器的固定装置、用来固定仪器及工器具的硬质泡沫固定槽。

固定支撑架包括两个L形支撑板、蝶形螺栓、固定螺栓,两个L形支撑板的底部锚固在底座上,上部相对间隙安装,该间隙供插接板插入固定;蝶形螺栓、固定螺栓分别通过上、下螺纹连接两个L形支撑板,方便插接板的拆卸、安装。其中,第一单轴承轮盘与第二单轴承轮盘的中部为轴承,轴承的外边缘连接有两个圆环,圆环与轴承外边缘通过若干个弧形钢条连接,使所述单轴承轮盘满足测量连接线的缠绕要求;轴承的内部固定连接有一对连接片,连接片上开有两个第一固定过孔、防旋转过孔,连接片便于将第一单轴承轮盘、第二单轴承轮盘与插接板固定,第一固定过孔用于穿过连接螺杆,防旋转过孔用于固定摇转装置的摇转把手,防止单轴承轮盘自旋转;在轴承的外侧面还设置有摇转装置。

摇转装置包括两个连接块、连接板、摇转把手,两个连接块固定在轴承外侧面上,连接板铰接在两个连接块之间,摇转把手固定连接在连接板的端部,连接板可上下翻转,一方面便于摇转把手的收纳,另一方面可将摇转把手插入防旋转过孔中,防止单轴承轮盘自旋转。导向控制轮的轮轴焊接在插接板上部,上部设置有一限位杆,收放测量连接线时可防止测量连接线跑偏。插接板的中部开有两个第二固定过孔,下部开有一用于插入L形支撑板的凹型槽,第二固定过孔用于穿过连接螺杆,凹型槽的设计使插接板能插入L形支撑板上,并用蝶形螺栓旋紧固定,方便双轴承轮盘收放线器的收放线及测量工作。硬质泡沫固定槽包括锤头位、探针位、接地电阻测试仪存储位、接地电阻测试仪工作位、双轴承轮盘收放线器位、平口螺丝刀位、小线盘位,每个固定槽的两侧还开有方便取用仪器及工器具的凹槽。

多功能杆塔接地电阻测量箱的实际应用开拓了输电线路现场检测作业的新思路、新方法,工器具的一体便捷式使用相较传统作业方式不仅缩短了大量作业时间,更使得检测作业流程进一步简化和规范。

四、项目成效

安全效益:使用新工器具进行杆塔工频接地电阻测量工作,提高了测量作业的工作效率和规范性,显著提高了测量作业效率,对于保证输电线路设备的安全可靠运行具有重要意义。

研制的多功能杆塔接地电阻测量箱的应用协助规范了输电线路的日常检测工作,实现了检测工作的标准化管理,提高了输电线路运行方面的生产管理水平,并且对于按时完成接地检测任务、保证输电线路杆塔的防雷安全管控提供了可靠依据。

经济效益:采用新工器具可以节约大量人力成本,以输电运维五班每年开展检测接地电阻杆塔共1209基计算,每基杆塔检测工作节约时间13.4分钟,每年该专项工作可节约时间为:1209×13.4÷60=270(小时)=11.3(天)。

计算节约的人员作业成本、车辆使用成本,每天节约人员3组共9人外出作业食宿差旅支出1620元,车辆行驶燃油费300元;每个测量箱的制作成本为0.6万元,制作3个,其使用寿命按照5年计算,总计可节约运行成本为:(1620+300)×11.3×5－6000×3=9.05(万元)。

社会效益:多功能杆塔接地电阻测量箱可推广使用,切实提高接地检测专项工作的作业效率和测量精准度,不仅能够为企业创造效益,也保障了供电的安全可靠,创造了无形的社会效益。

项目成员 杨 军 代洪兵 朱全喜 郝建明 郭宏达 邹运利 李学堂
王 骏 郭可贵 彭 龙 郑亚强 黄 伟

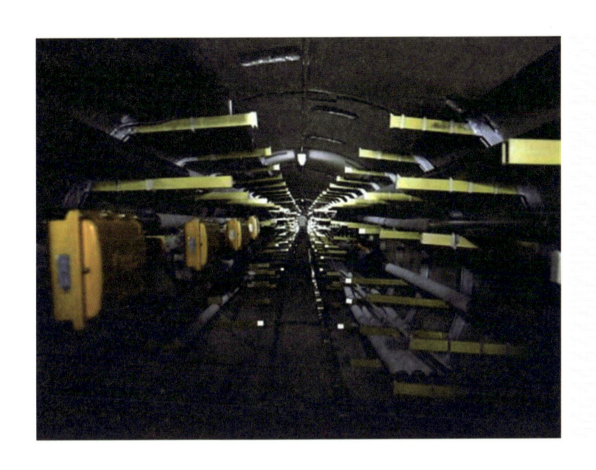

电 缆 篇

项目 1
智能型集中吸入式电缆火灾极早期预警装置

国网安徽电科院

一、研究目的

电缆广泛应用于发电、输电、变电、配电等各个环节,因绝缘老化、过载、接触不良、外力破坏等问题导致的电缆火灾占变电设备火灾的70%～80%。70%以上电缆火灾造成的损失非常严重,社会负面影响极大,严重影响了电力系统的运行安全和人民生命财产安全。2016年6月18日,国内某电力公司110 kV变压器35 kV出线电缆沟失火,故障损失负荷24.3万千瓦,停电用户8.65万户。2016年10月12日,日本东京都埼玉县新座市地下电缆发生火灾,导致东京市中心大规模停电,多达58万户受影响,造成交通大混乱和车辆碰撞事故。国内外电缆火灾事故情况如图3.1.1所示。

图3.1.1 国内外电缆火灾事故

目前电缆通道大多只采用了单一的温度告警,最常用的是线型感温火灾探测器,同时还少量使用了热敏电阻式测温系统、点型感烟式火灾探测器、点型感温式火灾探测器及火灾图像报警系统。线型感温火灾探测器没有屏蔽层保护,极易受到电磁干扰,同时温度信号较为滞后,因而不能实现早期故障预警;热敏电阻式测温系统布线复杂且热敏电阻易损坏,不具备自检功能,维护任务繁重;点型感烟式火灾探测器借助烟雾颗粒进入探测器内部构造出光线场和电离场来实现火灾探测,因而任何微粒都可能引起感烟火灾探测器的动作;点型感温式火灾探测器须直接接触加热空气或高温烟气,保护范围十分有限;火灾图像报警系统仅借助图像和温度监测技术,无法实现既无可见烟和明火又无大量热量产生的火灾初期阶段的可靠报警。

为解决目前电缆通道,尤其是电缆通道防火重点部位的火灾预警难题,本项目拟设计一种集中采气式火灾预警系统,利用吸气管道监测防火重点部位,将气体传送到集中处理系统,根据其同时测得的不同类型的火灾模拟量参数,并将其转换成数字信号,采用火灾动态信息融合分析方法,判断是否存在火灾危险。

二、研究成果

本项目研制的智能型集中吸入式电缆火灾极早期预警装置通过监测电缆着火前的特征实现极早期预警;采用主动吸入式探测器,可以应用于环境较为恶劣的场所,避免了灰尘、通风等引起的误报警及迟报警,实现电缆火灾极早期、全方位预警。

(1) 实现了电缆着火前特征参数提取。国内外针对电缆火灾特征的研究主要关注火场行为,侧重于燃烧的中后期,其能获取的火灾特征参量仅能为中后期报警或灭火技术提供参考,无法给出电缆火灾的早期特征参量。本项目组依托国家电网公司输变电设施火灾防护实验室和电力火灾与安全防护安徽省重点实验室,在电力电缆早期火灾特征研究方面开展了大量创新工作。首先,基于深度的电缆着火前的理化分析,获得了电力电缆着火的极早期特征。其次,自主研发电力电缆带电燃烧模拟实验平台(见图3.1.2),解决了国内外电缆带电着火试验的难题,验证和确认了电缆在带电情况下着火前的极早期特征参数(CO、CO_2、HCl、SO_2、NO_x、温度、湿度),为实现电缆火灾的极早期预警提供了重要支撑。

(2) 克服了电缆敷设场所环境影响问题。电缆敷设场所一般存在潮湿、灰尘、通风不良、电磁干扰等问题。潮湿空气和灰尘与火灾烟雾中的烟尘颗粒一样,均可进入感烟火灾探测器内部构造出光线场或电离场,从而导致探测器动作,发出误报警;同时还会沉积在敏感元件表面,严重时造成探测器无法正常工作。通风不良会阻碍火灾烟气或被加热空气与周围空气之间的热交换,延误报警的同时还会影响感温探测器元件的灵敏度。本项目组创新采用吸入式探测方式,主动对被保护区域空气进行采样,并根据现场环境及气流变化布置探测管道,克服了常规探测器不能有效应对复杂场所的缺点。由于探测现场仅布置吸气管道等,克服了潮湿、灰尘、通风不良、电磁干扰等对传感器的影响。图3.1.3为智能型预警装置系统架构框图,图3.1.4为吸入式气体探测器系统气体管路图。

图3.1.2　自主研发的电力电缆带电着火模拟实验平台

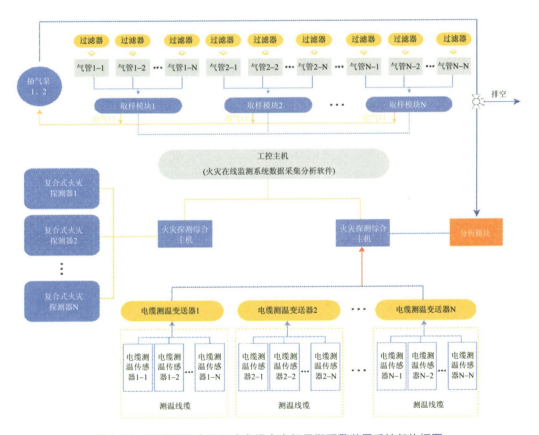

图3.1.3　智能型集中吸入式电缆火灾极早期预警装置系统架构框图

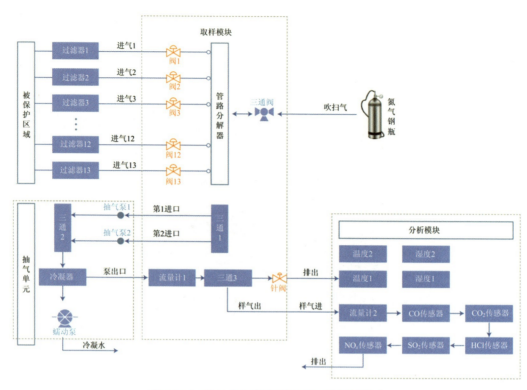

图 3.1.4　吸入式气体探测器系统气体管路图

（3）攻克了探测器的集成性和智能型难题。现有各类探测器的集成性不强,导致一个探测点需要一套传感器,造成传感器利用率不高,探测器成本大幅上升。此外,传统的火灾监测通常采用阈值判断和趋势检测算法对单个传感器输出信号进行处理,常有误报或漏报现象。本项目装置采用基于 BP 神经网络算法的信息融合分析对多个传感器进行同步探测的多个信息进行融合处理（见图 3.1.5）,运用基于神经模糊算法的信息融合技术对多个传感器进行同步探测的多个信息进行合理支配与使用,将各种传感器互补与冗余信息组合起来,进行处理和综合,不仅考虑参数值,同时考虑检测信号的变化速率,从而获知信息的内在联系和规律,完善、准确地反映环境特征,大大提高了电缆火灾预警的效率和准确性。此外,采用的无线通信技术一方面可以使得装置所得到的火灾信息及时传送至值班室、相关人员。另一方面,如装置系统架构框图（见图 3.1.3）所示,可通过无线通信网络,将其他复合探测器或其他在线监测信号接入系统,达到进一步融合处理或统一报送的功能。图 3.1.6 为装置实物图。

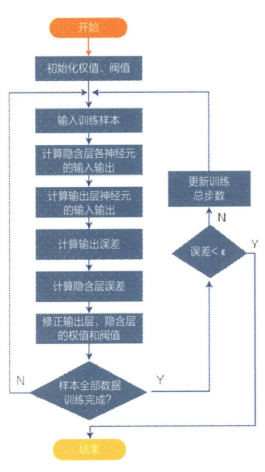

图3.1.5　基于BP神经网络算法模型训练流程图　　　图3.1.6　装置实物图

三、创新点

（1）自主研发了电力电缆带电着火模拟实验平台，结合深度理化分析，使电缆带电着火前的极早期特征气体参数提取成为可能，实现"极早期"预警；通过电缆热重-红外-质谱联用实验，获得电缆热解参数和早期特征；研制电缆带电燃烧技术，获得电缆带电燃烧的早期特征；联合相关特征，确立基于电力电缆火灾极早期探测的特征气体。

（2）设计了集中主动吸入式火灾探测系统，大大提高了传感器利用率，降低了应用场所复杂环境因素所引起的误报警和漏报警，实现"集中吸入式"预警：研制了基于特征参数的集中式火灾探测器，吸入式探测器能够根据现场环境及气流变化进行布置，对所获取信息采用集中统一处理，提高了传感器利用率，降低了成本，克服了常规探测器不能有效应对复杂场所的缺点。

（3）首次将信息融合算法应用到电缆火灾判别，提高了探测系统精度，同时利用无线通信网络技术实现信息实时监测和互通，实现"智能型"预警；基于BP网络及其改进算法，提出了火灾动态信息融合分析方法，融合了特征参数变量值及其变化速率值等信息，提高了火灾探测效率和准确率；开发基于无线数据传输的火灾在线监测系统，该系统响应速度快、操作方便、维护简单，具有良好的通用性和扩展性。

四、项目成效

项目申请专利20项，其中发明专利8项，授权发明专利3项，实用新型专利12项；发表国家大电网会议、EI期刊特邀评述等高水平论文8篇；突破了其他火灾报警系统响应时间慢的技术瓶颈，相关成果经中国电机工程学会鉴定为国际先进水平。已在国网安徽省电力公司所属变电站、电缆沟道、电动汽车换电站等场所实际应用（见图3.1.7）。在国家电网公司2017年高压电缆防火工作专题会议上，得到与会领导和专家的一致好评。本项目对避免电缆火灾事故发生、保障电力系统安全可靠运行有非常重要的意义，对保障社会财产、公民人身安全也有积极效果。

(a) 莲岗线电缆隧道

(b) 220 kV常青变、始信路换电站

图3.1.7　装置现场应用

推广应用成果后,预计国网安徽省电力公司每年110 kV线路故障停运可减少5条次,35 kV线路故障停运可减少15条次,假设每条110 kV线路负荷35 MW,每条35 kV线路负荷20 MW,每次停运平均约20个小时,电价按照0.57元/千瓦时计算,则每年可降低灾害造成的线路停电损失为541.5万元。此外,110 kV线路每条次火灾事故设备损失及建设费用按90万元计,35 kV线路每条次火灾事故设备损失及建设费用按50万元计,可降低设备损失等经济损失1200万元。安徽公司每年仅直接经济损失就降低1741.5万元。推广至全国范围后,经济效益巨大。同时还能避免因电缆火灾事故引起大面积停电造成的社会负面影响,社会效益显著。

项目成员 张佳庆 季 坤 范明豪 严 波 周章斌 朱胜龙 韩 光 汪书苹 刘单华 李孟增 李森林 黄海龙 郭祥军 尚峰举 孙 韬

项目 2
基于信息化的高压电缆立体式台账管理方法

国网淮南供电公司

一、研究目的

目前,随着城市建设和美化的需要,高压电缆线路逐渐增加,随之而来的运维管理问题也越来越多。高压电缆设备设施位于地表以下,隐蔽性强,土建及电气结构复杂,存在着电缆路径不清楚、顶管断面不掌握、图纸资料与现场实际不符等问题,发生故障后存在难以准确定位、抢修恢复时间较长、运检效率低下等热点、难点问题,给优质供电服务带来了压力。

电缆故障中外力破坏占了很大一部分,在极端天气状况下,有可能会发生积水冲毁地下电缆,淤泥堵塞电力通道等,这些都会影响地下电缆的正常工作。另外,施工等人为因素也会造成地下电缆的外力破坏,经常有施工单位野蛮施工挖断地下电缆。这些原因造成了很大的电缆外破隐患,严重威胁电网的安全运行。

为了提升电缆专业运检效率,提高供电服务质量,建立翔实有效的电缆基础台账迫切而重要。高压电缆立体式台账的研究与应用是对当前高压电缆基础台账建设的创新和改进,对实现高压电缆精益化管理有着重要作用。

二、研究成果

项目运用路径探测仪、GPS 定位测量系统、相位识别仪等仪器设备,对电缆线路的平面走向、断面高程、工井坐标、相序布置等信息参数进行现场测量,使用地理信息系统软件、工程制图软件、数据库技术和三维技术进行计算、加工、整合,以仿真方式形象展现地下管线的埋深、材质、形状、走向以及工井结构和周边环境,隐蔽的地下电缆由此变得直观、立体、一目了然。

（1）利用高精度测量仪器进行探测，完成高压电缆基础收资工作。

测量工作分为井内测量和地面测量两部分。井内测量时要注意开启井盖后，进入电缆隧道之前，应进行通风、排水和清淤，井内有害气体含量检验合格后，运维人员才可以进入井内进行测量工作。井内的测量工作包括测量工井的尺寸及深度、识别电缆相序、记录电缆敷设位置、拍摄井内实际现场等。地面的测量包括探明电缆路径走向与敷设深度，并对通道沿线各点进行标记。然后使用GPS测量仪测量所有标记点的经纬度及高程。

（2）数据资料的整合处理。

将现场采集的数据，利用遥感图像处理软件、地理信息系统软件、工程制图软件和三维技术进行整合处理，形成高压电缆立体式台账。通过项目的实施我们完成了三图两表（即电气接线图、平面走向示意图、断面图和电缆线路概况一览表、检测试验记录表）的绘制，同时还收获了电缆网架图、工井坐标记录表及井内实景照片，如图3.2.1～图3.2.5所示。

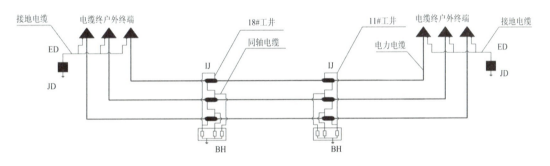

图3.2.1　110 kV八凤186线电缆电气接线图

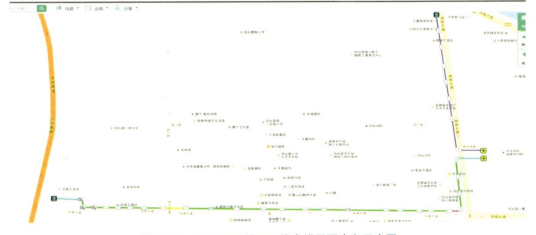

图3.2.2　110 kV八凤186线电缆平面走向示意图

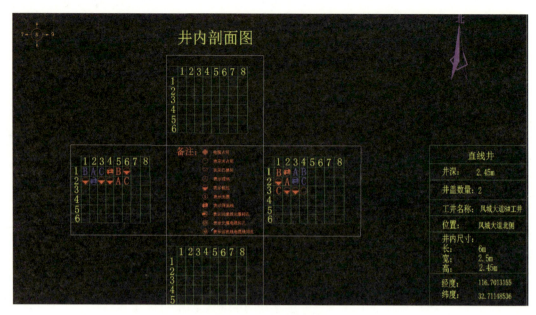

图3.2.3 井内剖面图

图3.2.4 井内实景照片

A	B	C	D	E	F	G	H	I	J	K	L	M	N	O	P
条数	电压等级（kV）	电缆名称	投运时间	检测试验一						检测试验二					
				检试项目类型	检试部位	检试日期	检试结果	检试人员及单位	仪器设备型号	检试项目类型	检试部位	检试日期	检试结果	检试人员及单位	仪器设备型号
1	110	辛洛田131线	2011.5	高频局放、接地环流	中间接头	2016.9	正常	伏佳安达	ADPDPCB-4电缆局部放电与接地电流监测仪、福禄克钳形电流表	红外测温	终端头、过渡连接	2017.7	正常	电缆运检一班	FLIR
2	110	洛上135线	2004.10	高频局放、接地环流	中间接头	2016.10	正常	伏佳安达	ADPDPCB-4电缆局部放电与接地电流监测仪、福禄克钳形电流表	红外测温	终端头、过渡连接	2017.7	正常	电缆运检一班	FLIR
3	110	洛姚137线	2011.5	高频局放、接地环流	中间接头	2016.9	正常	伏佳安达	ADPDPCB-4电缆局部放电与接地电流监测仪、福禄克钳形电流表	红外测温	终端头、过渡连接	2017.7	正常	电缆运检一班	FLIR
4	110	金西望141/151线	2011.12	高频局放、接地环流	中间接头	2016.10	正常	伏佳安达	ADPDPCB-4电缆局部放电与接地电流监测仪、福禄克钳形电流表	红外测温	终端头、过渡连接	2017.7	正常	电缆运检一班	FLIR
5	110	金西望141/151备用线路	2011.12							红外测温	终端头、过渡连接	2017.7	正常	电缆运检一班	FLIR
6	110	金望142线	2011.12	高频局放、接地环流	中间接头	2016.10	正常	伏佳安达	ADPDPCB-4电缆局部放电与接地电流监测仪、福禄克钳形电流表	红外测温	终端头、过渡连接	2017.7	正常	电缆运检一班	FLIR
7	110	金龙洞144线	2008.4	高频局放、接地环流	中间接头	2016.9	正常	伏佳安达	ADPDPCB-4电缆局部放电与接地电流监测仪、福禄克钳形电流表	红外测温	终端头、过渡连接	2017.7	正常	电缆运检一班	FLIR
8	110	金大九泉146线	2009.3	高频局放、接地环流	中间接头	2016.8	异常	伏佳安达	ADPDPCB-4电缆局部放电与接地电流监测仪、福禄克钳形电流表	红外测温	终端头、过渡连接	2017.7	正常	电缆运检一班	FLIR
9	110	金南147线	2009.3	高频局放、接地环流	中间接头	2016.8	正常	伏佳安达	ADPDPCB-4电缆局部放电与接地电流监测仪、福禄克钳形电流表	红外测温	终端头、过渡连接	2017.7	正常	电缆运检一班	FLIR
10	110	金鲁148线	2012.1	高频局放、接地环流	中间接头	2016.11	正常	伏佳安达	ADPDPCB-4电缆局部放电与接地电流监测仪、福禄克钳形电流表	红外测温	终端头、过渡连接	2017.7	正常	电缆运检一班	FLIR
11	110	金泉150线	2015.12	高频局放、接地环流	中间接头	2016.8	正常	伏佳安达	ADPDPCB-4电缆局部放电与接地电流监测仪、福禄克钳形电流表	红外测温	终端头、过渡连接	2017.7	正常	电缆运检一班	FLIR
12	110	泉南236线	2008.9	高频局放、接地环流	中间接头	2016.8	正常	伏佳安达	ADPDPCB-4电缆局部放电与接地电流监测仪、福禄克钳形电流表	红外测温	终端头、过渡连接	2017.7	正常	电缆运检一班	FLIR
13	110	泉大240线	2017.6	高频局放、接地环流	中间接头	2016.10	正常	伏佳安达	ADPDPCB-4电缆局部放电与接地电流监测仪、福禄克钳形电流表	红外测温	终端头、过渡连接	2017.7	正常	电缆运检一班	FLIR
14	110	泉九239线	2017.6	高频局放、接地环流	中间接头	2016.10	正常	伏佳安达	ADPDPCB-4电缆局部放电与接地电流监测仪、福禄克钳形电流表	红外测温	终端头、过渡连接	2017.7	正常	电缆运检一班	FLIR
15	110	辛洞163线	2008.4	高频局放、接地环流	中间接头	2016.9	正常	伏佳安达	ADPDPCB-4电缆局部放电与接地电流监测仪、福禄克钳形电流表	红外测温	终端头、过渡连接	2017.7	正常	电缆运检一班	FLIR
16	110	淮西167线	2013.1							红外测温	终端头、过渡连接	2017.7	正常	电缆运检一班	FLIR
17	110	淮西170线	2013.1							红外测温	终端头、过渡连接	2017.7	正常	电缆运检一班	FLIR
18	110	八凤186线	2011.12	高频局放、接地环流	中间接头	2016.11	正常	伏佳安达	ADPDPCB-4电缆局部放电与接地电流监测仪、福禄克钳形电流表	红外测温	终端头、过渡连接	2017.7	正常	电缆运检一班	FLIR
19	110	万泉213线	2016.1	高频局放、接地环流	中间接头	2016.8	正常	伏佳安达	ADPDPCB-4电缆局部放电与接地电流监测仪、福禄克钳形电流表	红外测温	终端头、过渡连接	2017.7	正常	电缆运检一班	FLIR
20	110	万鲁214线	2016.1	高频局放、接地环流	中间接头	2016.8	正常	伏佳安达	ADPDPCB-4电缆局部放电与接地电流监测仪、福禄克钳形电流表	红外测温	终端头、过渡连接	2017.7	正常	电缆运检一班	FLIR
21	110	凤毛612线	2011.12	高频局放、接地环流	中间接头	2016.11	正常	伏佳安达	ADPDPCB-4电缆局部放电与接地电流监测仪、福禄克钳形电流表	红外测温	终端头、过渡连接	2017.7	正常	电缆运检一班	FLIR
22	110	凤台牵引站611线	2011.12	高频局放、接地环流	中间接头	2016.11	正常	伏佳安达	ADPDPCB-4电缆局部放电与接地电流监测仪、福禄克钳形电流表	红外测温	终端头、过渡连接	2017.7	正常	电缆运检一班	FLIR
23	110	西唐196线	2017.4	高频局放、接地环流	中间接头	2016.8	正常	伏佳安达	ADPDPCB-4电缆局部放电与接地电流监测仪、福禄克钳形电流表	红外测温	终端头、过渡连接	2017.7	正常	电缆运检一班	FLIR
24	110	西丁197线	2017.4							红外测温	终端头、过渡连接	2017.7	正常	电缆运检一班	FLIR
25	110	西霍199线	2017.4	高频局放、接地环流	中间接头	2016.8	正常	伏佳安达	ADPDPCB-4电缆局部放电与接地电流监测仪、福禄克钳形电流表	红外测温	终端头、过渡连接	2017.7	正常	电缆运检一班	FLIR
26	110	日芯224线	2015.8	高频局放、接地环流	中间接头	2016.8	正常	伏佳安达	ADPDPCB-4电缆局部放电与接地电流监测仪、福禄克钳形电流表	红外测温	终端头、过渡连接	2017.7	正常	电缆运检一班	FLIR
27	110	日芯备用线	2015.8							红外测温	终端头、过渡连接	2017.7	正常	电缆运检一班	FLIR
28	110	广孟715线	2017.4							红外测温	终端头、过渡连接	2017.7	正常	电缆运检一班	FLIR

图3.2.5　检测试验记录表

三、创新点

(1) 采集每个电缆工井的经纬度坐标，对应到高分辨率电子地图上，电缆路径和平面走向清晰直观、一览无余。电子地图可以精确到米级，需要对某座工井开展现场作业时，根据经纬度坐标或附近地标建筑可快速准确到达现场。

(2) 电子地图和台账可以以手机APP的形式植入手机，随时随地方便快速浏览，同时设置权限验证，确保信息安全。

(3) 电缆通道埋深尤其是道路两侧位置的埋深是电缆通道基础运维的一项重要基础数据，在后续供水供气管道建设协调中至关重要。项目沿电缆全线测量通道与地面的高程关系，形成电缆通道纵断面图。在电缆排管进出工井处记录排管布置情况，形成剖面图。在工井井口及井内四个方位拍取照片直接显示通道及设施状态。

(4) 对既有的拖拉管敷设方式，以密集布点（不大于3米）的形式采集电缆埋深，形成连续真实的断面图，在后期电缆通道设施保护中作用巨大。

四、项目成效

淮南公司已完成110 kV等级的26条共61.68公里电缆线路立体式台账的建立工作，实际应用效果明显。该成果极大地改进了当前高压电缆基础台账管理的工作方式，通过节约在途时间和缩短停电修复时间显著提高了劳动生产率和经济效益，同时在道路改扩建施工过程中，可以快速准确查阅电缆断面和埋深等信息，有效防范电缆通道平行、交跨施工外破风险，提升高压电缆本质安全。高压电缆立体式台账为供电可靠性和供电服务质量提供了有力保障。

项目成员 严 波 陈永保 孙占民 周银银 万 浩 李 勇 高 闯 杨 威 邓 军 张 悦 闫 阁 刘荣伟 孟蒋辉 李路遥 郭向阳

项目3
配网T形电缆头专用接地线

国网六安供电公司

一、研究目的

"接地"是停电检修作业的一项重要安全保护措施。目前,配电网中常用的卡口式和螺栓式接地线主要适用于架空线路或者其他裸导体,对于电缆线路,则是利用电缆线路中环网柜等开关柜设备的接地刀闸实现接地。

但在配电网电缆线路中,有一种常见的设备:电缆分支箱(见图3.3.1),没有接地刀闸,因此停电检修时需要加装一组接地线。然而,电缆分支箱内部普遍采用T形电缆头与电缆连接,常用的接地线无法直接装设。传统的方法只有一个——拆!一步一步拆掉T形电缆头(首先要取下避雷器后堵头,拆掉避雷器,拆下连接螺杆,再拆下电缆头套管),才能将螺栓式接地线和电缆头接线端子连接上,如图3.3.2所示。

图3.3.1 电缆分支箱及其内部T形电缆头结构模型

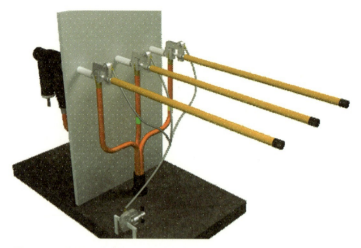

图 3.3.2　电缆分支箱 T 形电缆头传统方法装设接地线效果图

这个操作过程有很多缺点:在装设接地线之前拆解设备,触电风险特别大,不安全;整个操作过程很复杂,要取下避雷器后堵头,拆掉避雷器,拆下连接螺杆,再拆下电缆头套管,才能抽出电缆接线端子与接地线连接,前后需要 6 大步骤;接地线装设完成至少需要 30 分钟,费时间。而且在拆解过程中还可能损伤电缆头,造成隐患。

为解决以上问题,本项目研制出一种配网 T 形电缆头专用接地线。这种专用接地线装设时,相对于传统的装设接地线方法,不用拆解电缆头,直接与电缆头连接螺杆连接,工作安全性大大提高,操作时间大大缩短,工作效率大幅提高。

二、研究成果

项目组以提高配网 T 形电缆头装设接地线的安全性,减少装设过程操作时间为目的,研制出一种配网 T 形电缆头专用接地线。这种专用接地线是在传统的螺栓式接地线基础上,将其接线端改造为螺纹母头结构而形成的。如图 3.3.3 所示。

图 3.3.3　T 形电缆头专用接地线

这种专用接地线主要解决了以下两个关键问题:

(1) 工作的安全性。装设时,不用拆电缆头,只要将与电缆头连接的避雷器后堵头取下露出连接螺杆,接地线即可直接旋固在电缆头连接螺杆上,如图 3.3.4 所示。避免了传统装设接地线方法需要拆解电缆头这一大风险点,工作的安全性大大提高。

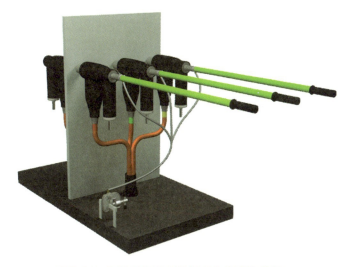

图 3.3.4　T 形电缆头专用接地线安装效果图

（2）工作的效率。与传统装设接地线方法（见图 3.3.2）相比，专用接地线装设操作简单，接地线接线端直接旋固在电缆头连接螺杆上，一两分钟就能安装到位，工作效率大大提高。T 形电缆头专用接地线与传统装设接地线方法步骤对比如图 3.3.5 所示。

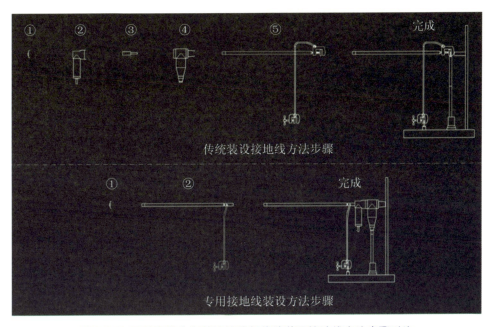

图 3.3.5　T 形电缆头专用接地线与传统装设接地线方法步骤对比

三、创新点

（1）专用接地线接线端采用独创的螺纹母头结构,这种结构可以和电缆头内连接螺杆直接连接。因此,这种专用接地线在安装时,无需拆除电缆头,只要取下与电缆头连接的避雷器后堵头,露出连接螺杆,接地线即可直接连接在连接螺杆上,如图3.3.4所示。与传统装设接地线方法相比,安全、快速、高效。

（2）接地线连接牢固。接线端采用螺纹母头结构,接线端旋固在连接螺杆上。相比于配网中传统的卡口式、螺栓式等接地线所采用的"卡""压紧"方式固定连接,连接更加牢固。

四、项目成效

该项目成果应用带来的效益主要体现在以下几方面:一是安全效益,该接地线在装设过程中不用拆解电缆头,操作过程使用绝缘杆能够保持安全距离,工作安全性显著提高。二是经济效益,操作时间大大减少,仅开工前装设接地线和完工后拆除接地线两项工作就能节约近1小时时间,缩短了整个停电检修时间,多供电量,减少了停电造成的电费损失。三是社会效益,缩短装拆接地线时间,从而缩短了整个停电检修工作时间,减少居民停电时间,提高了供电可靠性。

配网T形电缆头专用接地线多次在六安城区配网停电检修工作中应用,如图3.3.6所示。实践证明：与传统的装设接地线方法对比,该接地线在装设过程中不用拆解电缆头,操作过程使用绝缘杆能够保持安全距离,工作安全性显著提高;装设过程操作简单,一两分钟即能安装到位,节省了近30倍的时间;且接地线连接牢固、无松动现象,使用可靠。

该项目成果应用前景良好,主要体现在两方面:一是用于电缆分支箱检修工作当中。目前配网电缆分支箱存量仍较大,该项目成果可有效解决其停电检修接地难题。二是该成果普遍适用于配网T形电缆头装设接地,可应用在环网柜等开关柜内设备。当环网柜等开关设备接地刀闸出现虚分虚合,或者操作机构不灵无法操作时,可采取该专用接地线替代接地刀闸。

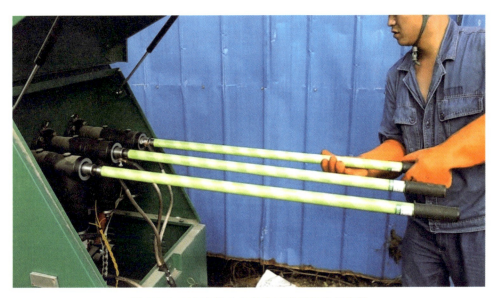

图3.3.6 T形电缆头专用接地线现场应用实拍

项目成员	焦 震　江东胜　谢正勇　罗 勇　彭传诲　王 嵩　韦志强
	陈 曦　陆晓坤　王杰兵　汪志伟　韩玲玲　江 锐　许 蕾
	费传鹤

项目4
新型电缆半导电层倒角工具

国网宣城供电公司

一、研究目的

宣城市城区配网高压电缆长达1024千米,电缆化率达到90.72%,但随着配网电缆化率的提高,电缆故障率占比也大幅提升。通过深入分析近几年发生的电缆故障,发现电缆半导电层倒角工艺不合格,是电缆故障的主要原因之一,占电缆故障数量的45%左右。

为减少电缆故障,"电缆故障攻关小组"针对电缆半导电层倒角过程进行研究,发现传统的倒角工具为刀片(见图3.4.1),倒角过程对作业人员的技能水平和工作素养要求高,且工艺受到限制。要倒出合格的倒角,要求作业人员具备"三准三心":下刀角度"准"、深度"准"、力度"准",作业人员"细心""耐心""责任心"。对于工作经验不够、技能水平较低的作业人员,使用刀片逐块切削进行倒角,如操作不当,容易伤及主绝缘。刀片切削倒角的表面平整度、光滑度有限,因此常使用纱布进行打磨,去掉不平整的切削尖端,纱布粗糙的表面与半导电层表面摩擦,仍存在细小的毛刺。经纱布打磨后的半导电颗粒,散落到主绝缘表面,需要使用电缆绝缘清洁巾进行清洁,如作业人员双手不干净,或清洁方法不正确(如反复来回擦拭),造成主绝缘表面存在半导电颗粒残留,容易导致爬电。

为降低电缆故障,提高供电服务水平,研制一种操作简单、工艺水平高的新式电缆半导电层倒角工具很有必要。

图3.4.1 刀片倒角示意图

二、研究成果

基于铅笔刀和卷笔刀削铅笔的工作原理和效果差异(见图3.4.2),进行新工具的结构设计和加工实施。该创新方案的提出是整个项目的难点。确定了该思路后,再进行新工具的设计和实施。

图3.4.2 铅笔刀和卷笔刀削铅笔的工作原理和效果差异

新工具主要由4部分组成:刀架,刀片,操作把手及调节旋钮(见图3.4.3)。2个调节旋钮均采用螺纹螺杆结构,使工具的固定范围可大可小,满足不同线径电缆倒角的要求,刀片的切深可深可浅,适用于不同半导电层厚度的倒角,且螺杆式旋钮操作简单,固定较为可靠。刀片经过角度和厚度的反复调整设计,使其满足半导电层(厚度仅为1~2 mm)倒角需要的角度,并满足防锈蚀、机械强度要求。设置操作把手,便于转动刀具完成倒角操作。同时,编写了简易操作口诀,便于作业人员快速掌握正确的操作方法。

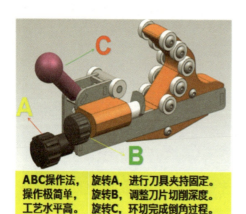 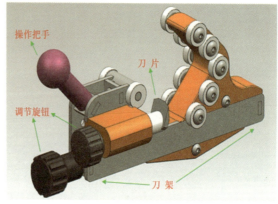

图 3.4.3 新型倒角工具操作方法和结构示意图

本项目成果已申报实用新型专利1项,并获得授权公告,如图3.4.4所示。

图 3.4.4 实用新型专利证书

该项目成果在QC发布活动中,获得国网安徽省电力公司2015年度优秀QC成果"一等奖",在全省范围引起了广泛关注。

三、创新点

(1) 全新的倒角方式。

使用刀片倒角是通过逐块切削完成的,类似"小刀削铅笔"的过程,力度、深度、角度不容易控制，且容易伤及电缆主绝缘部分，或划伤作业人员的手。

新工具倒角，是通过固定后环切一周完成倒角，类似"卷笔刀削铅笔"的方式，角度、深度由刀片角度及刀架决定，无需人力控制，对作业人员的技能要求低，即便是新员工，也可快速掌握操作要领。

（2）一刀多用，适用于各种电缆。

只需要调节固定旋钮A，即可完成对不同线径型号电缆的固定，并完成半导电层倒角。无需像液压钳之类工具那样，每次使用前需换上相对应大小的模具。

（3）工作流程得到简化。

使用刀片切削倒角后，需要使用纱布反复对倒角表面进行打磨，并用电缆绝缘清洁巾对电缆主绝缘表面进行清洁。使用新工具倒角，切削的废料整块落地，无需打磨、清洁。

四、项目成效

1. 社会效益

自2014年至今，用刀片完成的65起倒角中，有51起先后出现故障，故障率为78.86%；用倒角工具完成的247起电缆倒角，由于关键工艺水平的大幅提升，至今全部运行正常，故障率为0。倒角工具的使用，提高了电网供电可靠性，提升了优质服务水平。

2. 经济效益

按照每次施工停电8小时（故障抢修工作时间包含故障巡视、查找、隔离等时间，计划检修工作时间包括停送电操作及现场工作许可等时间），负荷电流180 A，电价0.56元/千瓦时，人员工资300元/天，作业人员10名，电缆附件2400元/套，每周6起作业计算，采用倒角工具，宣城全年产生经济效益3571776元，安徽省全年产生经济效益57148416元。计算方法如表3.4.1所示。

表3.4.1　经济效益计算

成本类别	每次/元	宣城市全年/元	安徽省全年/元
电费	0.56×180×10×6=6048	6048×6×52=1886976	30191616
人工	10×300=3000	3000×6×52=936000	14976000
材料	2400	2400×6×52=748800	11980800
合计	11448	3571776	57148416

如在全国范围推广该项目，电缆故障率将大幅下降，经济效益将非常可观，社

会效益不可估量。

项目成员	何　畅　段朝华　王　斌　沈　淼　林建民　张勤钊　赵　亮
	周　刚　吴　清　李　强　王志鹏　温　涛　张丽君

项目 5
高压电缆综合管控平台

国网合肥供电公司

一、研究目的

随着城市建设步伐的不断加快,为了最大程度释放市区土地、改善市容,市区范围内新建的变电站优先采用电缆敷设方式,大量架空线路也通过技改方式迁入地下敷设,合肥地区高压电缆长度逐年激增。截至目前,国网合肥供电公司共有110 kV及以上高压电缆线路总长293公里。随着电缆长度总量的迅猛增长,给电缆运维工作带来了极大的挑战,有效提升电缆运维水平显得尤为迫切和重要。

国家电网公司"三集五大"的概念催生了智能电网运维模式,基于智能化、网络化的系统将大大提高电缆的运维效率。基于此背景,本项目开发了高压电缆通道综合在线监控管控平台,秉持先进性、安全稳定性、统一性、扩展性等原则,构建最适合于目前和未来发展需要的管理信息平台架构,大大提升了高压电缆运维水平,保障了城市安全供电。

二、研究成果

国网合肥供电公司通过将高压电缆的基础台账信息化和在线监测系统(包括光纤测温、接地环流、局放检测等)网络化于一个整体的系统平台,将运维检修标准化要求直接通过系统实施,自动实现对高压电缆的巡视及带电检测等要求,并对高压电缆基础信息、巡视及在线检测数据等进行整合,对逐条电缆线路实现状态评价,建立了集高压电缆基础数据管理、在线监测、运行检修、状态评价于一体的智能化综合管控平台——高压电缆综合管控平台。

1. 基础数据管理

(1) 台账管理。基于大数据的理念,对电缆台账进行数据挖掘及分析,统计诸如电缆线路总长、回路数、接头数、服役年数、长度增长趋势等信息,并通过图表形式进行展示,能更直观地显示该部分内容。系统台账管理界面汇总了目前服役的所有线路信息,菜单层级为:电压等级→回路→线路→设施→设备,可以看到各个线路、设施、设备的基础信息,包括线路/设施/设备名称、投运时间、维护班组、线路长度等信息,并能通过搜索和筛选功能快速定位想要查看的线路/设施/设备。如图3.5.1所示。

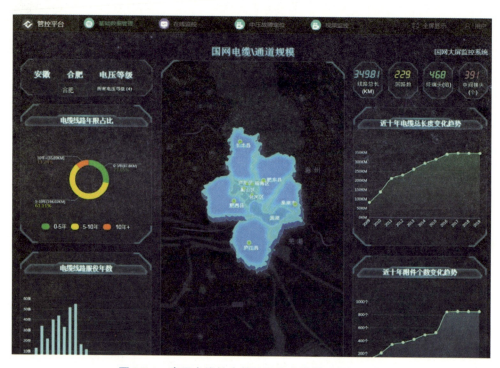

图3.5.1　高压电缆综合管控平台电缆基础数据总览

(2) 地理信息界面(GIS)。GIS界面录入了目前已勘测过的线路、设施坐标点,并在地图上精确显示,能直观了解到各线路的走向、电压等级(通过不同颜色区分)、经过的设施情况,通过点击线路、设施,还能了解到更详细的测绘数据及现场图片等资料,如图3.5.2所示。

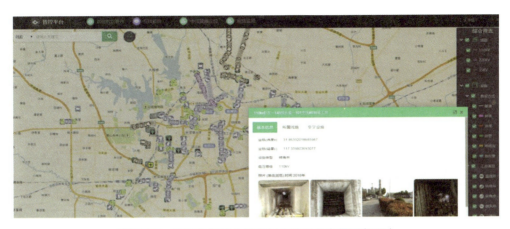

图 3.5.2　高压电缆综合管控平台地理信息界面(GIS)

2. 在线监测

通过大数据分析在线监测设备获得的信息，统计总设备数、各类型设备数、在线设备数、报警设备数等数据，并通过图表显示。在线监测数据展示如图3.5.3所示。在线监测数据分为本体监测和通道监测两种。数据的呈现形式有列表和图形两种，列表更直观，图表可以结合隧道布局查看，更形象。

本体监测主要是针对电缆及其接头的状态监测，如局部放电、护层电流、光纤测温等。比如光纤测温，有多种数据展示形式，包括通过颜色表示温度、通过波形图显示温度、显示同段电缆不同时间的温差。通道监测是针对电缆所在的隧道环境进行的监测(见图3.5.4)，如有害气体监测，水泵、风机、门禁的控制，视频监控等。比如水位监测，水泵可以和水位关联显示，水泵开启后，水位数值随之变化；又比如氧气含量的历史数据。

视频监控属于在线监测的子模块，因其经常使用，将其单独列出。通过云台控制可以实现摄像机的上下左右转动、缩放焦距、切换码流。为便于运维人员随时对电缆路径的情况进行查看，本平台还提供专用手机软件供运维人员调控视频监控查看现场(见图3.5.5)，极大地提高了运维人员的巡视便利性。

图 3.5.3　高压电缆综合管控平台在线监测界面

图 3.5.4　高压电缆综合管控平台电缆隧道内在线局放监测装置

图 3.5.5　高压电缆综合管控平台手机 APP 视频监控界面

三、创新点

（1）本项目所开发的高压电缆综合管控平台，实现了对基础台账、在线监测、运维检修、状态评价等数据的统一管理，提升了高压电缆精益化管理水平。

（2）使用大数据的统计理念，以图表的形式展现繁杂的基础台账信息和海量的监测数据，化繁为简，便于电缆运维人员清晰直观地查看所辖电缆的运行状态和发展趋势。

（3）可实时记录、显示电缆本体和通道相关监测信息，可实时查询监测的历史数据，并可以对通道内的设施进行远程控制和操作，便于运维人员实时查看了解电缆的运行状态，且通过远程控制，提升了工作效率。

（4）将在线监测与GIS相结合，录入了在线监测设备的地理坐标。发出报警信息的在线监测设备的位置可在地理图中精确显示，方便运维人员对设备缺陷或隐患的位置进行快速定位。

（5）状态评价依托平台在线监测的历史数据和带电检测等的离线数据，可进行自动评价和分析，极大地提高了状态评价的智能化和有效性。

（6）电缆运行检修的决策基于评估数据，并依据国网电缆线路状态检修导则对现有电缆提出检修建议，便于运维人员依据状态评估结果进行检修处理。

四、项目成效

该项目已经实现对国网合肥供电公司在运293 km高压电缆基础数据管理和2套高压电缆在线监测状态量的管理，并接入合肥供电公司的供电服务指挥中心进行统一管理，实现了对电缆状态的实时监控，如图3.5.6所示。

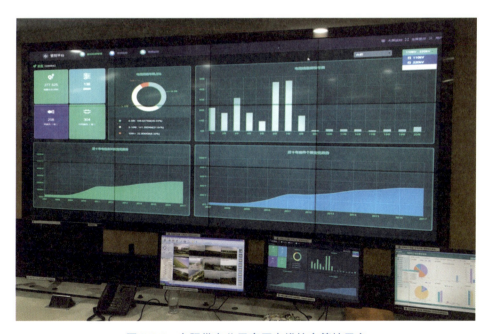

图3.5.6　合肥供电公司高压电缆综合管控平台

通过该平台,电缆运维工作由"事后处理"转变为"事前预控"。建立了全省高压电缆综合管控平台的典范,推动了电缆线路运维管理整体水平的提高。弥补了PMS2.0系统的不足,将在线监测系统与台账管理、地理GIS相融合,便于管理,提升了电缆运维的智能化水平。

项目成员 韩　光　关少卿　周章斌　于　波　付　晓　葛亚峰　丁君武　韩　磊　李朔楠　张辉超

项目6
新型井内电缆升降装置

国网滁州供电公司

一、研究目的

配电网是电网的重要组成部分,是保障电力"落得下,用得上"的关键环节,建设坚强、可靠的配电网,保障配网可靠持续稳定运行,提高配网抢修服务优质性,是改善民生的重要基础措施,是公司履行社会责任,提升品牌社会形象的重要途径。

2015年国网运检部将"运检优质服务率"指标纳入运检绩效指标体系,其中,"配网抢修平均复电时间"成为国网运检部绩效考核的重要指标之一,因此,如何有效缩短配网抢修时间,快速恢复配网供电,提升配网现场抢修作业安全性与高效性,已成为具有很高研究价值的课题。

由于历史原因,配电网发展呈现区域不平衡性,滁州市以及其他一些城市的老城区常常因为井内电缆堆叠在一起,堵住电缆管道而导致施工困难,特别是涉及通过接头井、三通井、四通井时,井内电缆交叉堆叠(见图3.6.1),井内空间狭小,部分现场吊车无法驶入或者吊臂抬起后安全距离不够等,这些不利的客观条件给施工和抢修人员的抢修工作带来了较大的困难和安全隐患。

为解决以上问题,团队通过简化吊车以达到实用性及适用性更广的目的,采用创新的思维将常见的升降设备和便携式固定支架加以巧妙组合,研制出一种新型井内电缆升降装置。该装置适用于电缆施放或井内电缆故障(见图3.6.2)抢修作业,可安全、快速地将井内交叉堆叠的电缆升降至一定高度,便于电缆施放,提高井内电缆故障抢修效率,显著缩短配网抢修复电时间,提高"运检优质服务率"以及抢修工作的安全高效性。

图 3.6.1　电缆井内电缆堆叠

图 3.6.2　电缆井内电缆故障

二、研究成果

团队立足实用、安全可靠两项指标,通过对井内电缆抢修中遇到的实际问题进行分析,研制了井内电缆升降装置,如图3.6.3、图3.6.4所示。装置包括固定支架和升降设备两部分:其一,固定支架整体呈长方形,用角钢焊接而成,包括主面板、紧线器支架、紧线器连接轴、副面板、立柱。主面板整体呈 800 mm×400 mm 的长方形;紧线器支架整体呈U形,顶部开孔焊接平面轴承座,内穿过紧线器连接轴,紧线器连接轴下方开圆孔,用于连接紧线器。紧线器支架固定在主面板上表面正中间,使用时在竖直位置,能转动收起至水平位置。其二,升降设备包括紧线器、扁平吊装带、摇把。紧线器上端挂在紧线器连接轴下方扣内;扁平吊装带穿过电缆后挂在紧线器下端;将摇把插入紧线器,转动摇把可使电缆上下移动并固定。

该装置可以提高井内电缆故障抢修效率,显著缩短配网抢修复电时间,提高"运检优质服务率"以及抢修工作的安全高效性。井内电缆升降装置的研发是贯彻国网"一流四大"科技发展战略,以创新驱动公司和电网科学发展的必然选择,是充分运用科学手段提高检修人员理论技能水平,提升供电服务质量的必然结果。

图 3.6.3　井内电缆升降装置折叠图

图 3.6.4　井内电缆升降装置工作图

三、创新点

(1)为确保抢修复电安全性,装置采用不锈钢材料,结实稳固,保证了装置的安全性。

(2)为保证抢修快速并减轻抢修人员的负担,该装置固定支架底部四角有带万向轮的支座,可快速移动。

(3)为适应不同尺寸的电缆井,该装置通过丝杆使副面板水平展开,固定支架展开大小可调节(见图3.6.5),保证了装置的通用性。

图 3.6.5　井内电缆升降装置调节固定支架大小

（4）为适应高低不平的路面及各种路况，该装置支座能调节高度，并搭配撑木，极大增加了装置的适用性（见图3.6.6）。

图 3.6.6　井内电缆升降装置支座

（5）为保护被吊电缆不受损伤，该装置升降设备采用扁平吊装带（见图3.6.7），紧线器支架顶部开孔内焊接平面轴承，能使被吊电缆在水平面上转动，保护被吊电缆不受扭力损伤。

图 3.6.7　扁平吊装带吊起电缆

（6）为保证运输的方便性，该装置固定支架可收起，展开容易，方便携带（见图3.6.8）。

图 3.6.8　井内电缆升降装置折叠运输

四、项目成效

该装置已经在滁州配网抢修作业电缆故障抢修等现场应用(见图3.6.9),平均缩短故障处理时间45分钟以上,现场应用效果显著,极大地减少了抢修人员体力和精力的消耗,受到了现场抢修人员的一致好评。

图3.6.9 井内电缆升降装置在滁州城区井内电缆抢修现场应用图

1. 经济效益

2016年9月至2017年9月,滁州公司处理约5000次现场抢修,去除用户内部故障和低压故障,井内电缆故障为30次。

节约人力成本:按每次抢修需5人次,平均节约时间0.75小时,每工作日人工费300元,1个工作日8小时计算,共节约人工成本$(300÷8×0.75)×5×30=0.42$(万元)。

增加电费收益:按滁州公司城区配网线路平均每段供应公变15台,公变平均容量331.83 kVA,以每次抢修时间节约0.75小时、居民综合电价0.67元/千瓦时计算,增加电费收入$(15×331.83×0.75×0.67)×30=7.5$(万元)。

共产生经济效益7.92万元。

2. 社会效益

该装置的应用,能够减少抢修时间。复电时间的缩短,能够有效提升用户对公司抢修工作的满意度,是践行国家电网公司供电服务"十项承诺"的保证,是公司履行社会责任、提升公司品牌社会形象的有效途径。

团队编写的《井内电缆升降装置操作规范(运检通知PD 2016 20号)》《井内电缆升降装置安全使用管理规定(安质通知AZ 2016 16号)》已纳入公司安质部安全工器具管理规范,为新设备的规范化、标准化使用奠定了坚实基础。

基于上述效益,该项目成果在电缆故障抢修现场具有广阔的应用前景。

项目成员 李登峰 白 涧 刘晓淞 杨 敏 郑德宇 于同飞 高书勇 刘洋洋 李宝东 唐 锐 许 飞 陆 杨

配电篇

项目1
配电网带电接火自动装置

国网安徽电科院

一、研究目的

随着国民经济的发展和人民生活质量的不断提高,经济发展和社会生活对供电可靠性的要求越来越高,因停电而引发的投诉压力也越来越大。为此国网公司要求在配电线路上开展检修、用户接入等各项工作务必要遵守"能带不停"的原则,以减少用户停电时间,提高供电可靠性。

尽管10 kV配网不停电作业已成为基层供电部门的一项极其重要的核心工作,但由于其技术难度高、劳动强度大、安全风险高,基层单位特别是县级供电公司装备水平薄弱、相关人力资源欠缺,普遍对配网不停电作业工作开展存在着畏难情绪,配网不停电作业推进工作困难重重。配网不停电作业开展水平的滞后严重影响了供电部门运维水平的提高和供电可靠性的提升。

在10 kV配网不停电作业中,带电接火作业项目是重中之重,其在日常带电作业用户工程项目中占比高达70%,可以说解决好了带电接火工作,就能更好地推进带电检修工作。目前10 kV带电接火多采用绝缘手套法和绝缘杆作业法。绝缘手套作业法作业一般需要动用1辆绝缘斗臂车、3名人员,其中斗上作业人员1名、地面辅助1名、工作负责人(监护人)1名,带电作业时间1 h,如图4.1.1所示;绝缘杆作业法作业,一般需要使用3种专用绝缘操作杆、4名人员,其中杆上作业人员2名、地面辅助1名、工作负责人(监护人)1名,带电作业时间1.5 h,如图4.1.2所示。

图 4.1.1 绝缘手套法带电接火现场

图 4.1.2 绝缘杆法带电接火现场

绝缘手套作业法为直接作业法,作业过程中斗内作业人员需穿戴绝缘服、绝缘帽、绝缘鞋、绝缘手套,对所有可能触及的带电体以及接地体做好遮蔽工作,这一过程费时费力;同时部分作业现场因道路、建筑物阻挡等因素所限制,绝缘斗臂车无法抵达现场,导致绝缘手套作业法受到一定程度的制约。

相比绝缘手套作业法,绝缘杆作业法为间接作业法,作业过程中不触及带电体,作业人员与带电体保持足够的安全距离,人员使用顶端装配有不同工具的绝缘操作杆进行作业,不受交通、地形条件的限制,非常适合初级开展水平的县级供电公司以及交通不便、绝缘斗臂车无法到达的地方,但机动性、便利性和空中作业范围不及绝缘手套作业法,对作业人员使用绝缘杆的技术要求相当高,操作难度较大,工作效率低,同时对绝缘操作杆的开发和制作提出了相当高的要求。

为解决当前带电接火存在的问题,本项目研制了一种结构轻巧、操作简便、工作可靠的带电接火自动装置,可登杆也可在绝缘斗臂车上使用,广泛适用于架空绝缘线路的带电接火工作,方便在用户接入、线路改造、负荷转移等工程中实施带电接火作业。该装置可以有效降低操作难度和劳动强度,大大提高工作效率,对全面推进配网不停电作业的开展、减少用户停电时间、提高供电可靠性有十分重要的意义。

二、研究成果

国网安徽省电力公司电力科学研究院组织一线骨干力量对现有的带电接火绝缘杆作业法进行改造,以简化带电接火项目操作步骤,提高工作效率,降低带电接火作业劳动强度和安全风险为目标,成功研制出一款轻巧的绝缘杆自动带电接火装置。利用该装置进行带电接火作业只需要2人配合,其中1人登杆,1人监护,20 min内即可轻松完成三相接火工作。

要实现带电接火中穿刺线夹"锁得住、装得紧、脱得下",本项目主要解决了以下四个关键和难点:

(1)穿刺线夹夹持。要实现绝缘杆安装穿刺线夹,首先要解决穿刺线夹的夹持固定问题,由于作业空间狭小,往往采取登杆作业方式,所以线夹夹持固定要尽可能简单快速,而且在接引过程中受到引线牵拉不脱离不松动,并且能承受一定外力的干扰。

(2)导线锁定。在接引过程中,要保证导线位置处于穿刺线夹对应刺齿中心处,同时为了减轻作业过程劳动强度、保证安装精度,必须将主导线及引线进行锁定,锁定装置要承受接引装置自身重量、引线弯曲应力以及电机高速旋转引起的振动。

(3)穿刺线夹、导线的同步解锁脱离。由于为间接作业方法,人离作业点在0.7 m绝缘杆有效绝缘距离之外,如果不能迅速同步完成脱离动作,将难以将装置顺利取下。因此在一相穿刺线夹紧固完成后,需要将接引装置同步脱离穿刺线夹及导线,以便完成其他相穿刺线夹工作。

(4)穿刺线夹双螺母同步紧固。常用10 kV绝缘穿刺线夹一般为双螺母结构,如果在安装过程中对双螺母进行先后紧固,结果必然导致线夹左右两边受力不均,穿刺点接触电阻、热稳定性难以达到要求,双螺母同步紧固可以有效解决这一问题,但又对电机输出同步性以及大扭矩提出了很高要求。

本项目通过科技攻关,成功突破了上述四个技术关键点,研制出的接火装置设计精巧,仅3 kg左右,操作便捷,线夹安装、装置上挂导线、导线穿刺、装置脱离导线等操作过程均无需人工过多干预,操作人员只需要按步骤引导进行操作即可,工艺质量由装置本身的限位、卡口等功能部件保证,无需复杂的操作要求。

（1）穿刺线夹夹持机构。该夹具可实现安装夹持一步操作，且结构轻巧，夹持稳固，如图4.1.3所示。

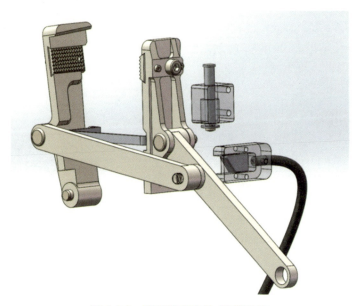

图4.1.3　穿刺线夹夹持、解锁机构

（2）导线自动锁定机构。通过设计的60°V形导向槽及锁舌式自锁装置，即使在登杆作业时也能把导线简单牢固锁定，轻松实现"盲锁定"，如图4.1.4所示。而且作业人员通过该装置将接火装置重量挂载转移到导线上，可减轻作业人员劳动强度。

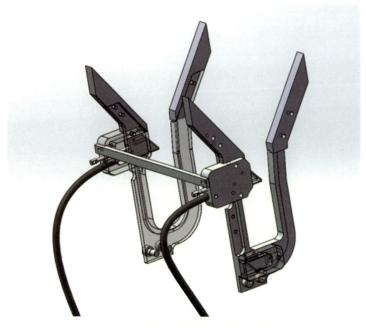

图4.1.4　导线自动锁定及解锁机构

（3）同步解锁机构。通过设置的三根脱扣控制线及同步脱扣控制器,可以实现穿刺线夹夹持机构、导线自动锁定机构的同步解锁,使装置方便轻松脱扣取下。

（4）同步双轴动力输出机构。采用双轴同步输出(见图4.1.5),每个单轴输出力矩高达90 N·m,确保了线夹穿刺过程平稳,同步快速,紧固穿刺线夹力矩螺母仅需30 s左右,显著提升了线夹的安装效率和工艺水平,如图4.1.6所示。

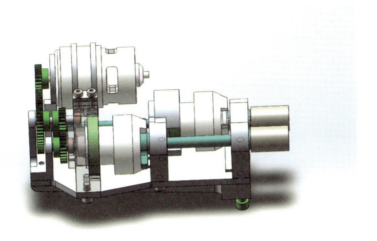

图4.1.5　同步双轴动力输出机构

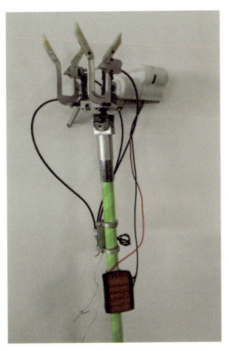

图4.1.6　新型自动带电接火装置样机

三、创新点

（1）独创双轴同步法安装穿刺线夹。由于电机、电池尺寸重量限制，传统机电设计很难达到高速、高扭矩双轴动力输出。本项目另辟蹊径，创新性采用双轴冲击同步输出方法，每个单轴输出力矩高达 90 N·m，紧固穿刺线夹力矩螺母仅需 30 s 左右，确保了线夹穿刺过程快速平稳，避免了线夹在安装过程中发生刺针歪穿、卡伤导线、穿刺不到位等现象，显著提升了线夹的安装工艺水平，如图 4.1.7 所示。

采用传统的绝缘杆法以及绝缘手套法安装穿刺线夹时，由于处在高空作业环境下，无法满足 DL/T 1190《额定电压 10 kV 及以下绝缘穿刺线夹》的要求（交替紧固两个力矩螺母直至其断裂），一般都是采用电动冲击扳手依次将两个螺母拧断，结果必然导致线夹左右两边受力不均，穿刺点接触电阻、热稳定性达不到标准所规定的要求，长时间运行，最终会导致烧损导线，影响用户安全、可靠供电，而本装置则有效地克服了上述缺陷。

图 4.1.7　采用双轴同步法紧固力矩螺母

（2）研制出一种可快速夹持且能够远程同步解锁的夹持解锁机构。夹持、解锁只需一道工序，夹紧稳固，安装位置、角度可调，可适用于不同尺寸的线夹，很好地解决了绝缘线夹的带电安装问题。

如图 4.1.8 所示，按导向装置放入线夹后，上提右侧手柄即可完成对线夹的夹紧，装置采用锁舌式自锁装置挂载在导线上，穿刺过程无需人工扶持，极大地减轻了接火工作的劳动强度，穿刺完成后通过脱扣控制线一键同步完成装置对线夹的解锁以及装置本身对导线的解锁。

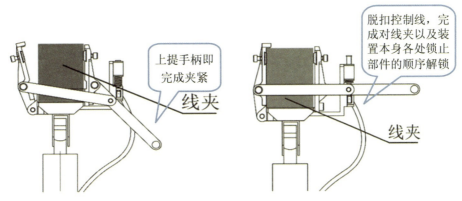

图4.1.8 穿刺线夹夹持、解锁示意图

四、项目成效

相较常规开展的绝缘手套作业法,使用本装置每次带电接火作业可减少人员1名,作业效率提高3倍,可显著减少人员支出费用、提高单位时间作业次数。2015年国网系统内共开展配网不停电作业57.2万次,其中带电接火约8.4万次。按全年开展相同工时数计算,可多开展带电接火作业16.8万次,多供电量约29亿千瓦时,按照购售差价0.2元/千瓦时计算,增加收益约5.8亿元;减少用户停电980万时·户,有效降低了用户投诉率;对供电可靠性的贡献率达到0.016个百分点,具有很高的经济效益和社会效益。

目前该装置已经研制出第二代产品,按带电作业工器具的管理要求,对装置进行了45 kV工频耐压等相关试验(见图4.1.9),试验结果完全合格。该装置自2016年6月份试用以来,已在国网安徽蚌埠、合肥、安庆、芜湖、淮南等公司开展10 kV用户带电接火作业200余次(见图4.1.10),使用情况表明,该装置设计合理、操作简便、省时省力、安全可靠,线夹安装紧固、穿刺到位,达到了设计预期,取得了良好的应用效果。实践表明,该装置符合安规要求,已经过实际应用,应用于现有电网运维检修体系安全可靠性很高。

图4.1.9 装置通过45 kV工频耐压试验

图4.1.10 使用装置现场为客户带电接火

该带电接火装置广泛适用于用户接入、线路改造、负荷转移等工程中架空绝缘线路实施带电接火工作,可登杆也可在绝缘斗臂车上使用。下一步将尽快做好装置在安徽省内的全面推广工作,并基于用户的使用反馈,进一步优化产品结构设计与关键元件、材料选型,降低成本,提升加工工艺,优化装置的人体工学设计,进一步提高装置使用的便利性、可靠性,应用成熟后可在国网系统范围 10 kV 架空绝缘线路上推广使用,应用前景十分广阔。

项目成员 吴少雷 詹 斌 凌 松 冯 玉 陈 城 刘海洋 赵 成 裴 倩 朱胜龙 戚振彪

项目2
智能三相不平衡治理开关

国网芜湖供电公司

一、研究目的

目前,在国家电网公司低压配电网系统中,存在着大量的单相、不对称、非线性、冲击性负荷,三相负荷系统是随机变化的,这些负荷会使配电系统产生三相不平衡,三相负荷不平衡会导致供电系统三相电压、电流的不平衡,引起电网负序电压和负序电流,影响供电质量,进而增加线路损耗,降低供电可靠性。三相不平衡治理装置是专门针对上述问题而研发的一款产品,不同于传统的治理装置,它能够避免在负荷投切瞬间产生的较大涌流,也能避免晶闸管长期运行带来的发热问题。配网三相不平衡治理装置的应用,将大幅提高配网运行稳定性和智能化,对国网公司提出的建设坚强智能电网的要求可以起到很好的支撑作用。

二、研究成果

(1)研制了一种三相不平衡换相开关并提出换相方法。

机械式接触器不可能较准确地做到开关两端电压过零时闭合、电流过零时切断,而晶闸管却能做到这一点。相反,在开关闭合工作时,晶闸管产生损耗和电压电流谐波,而机械式接触器却能避免这些问题。针对以上问题,我们考虑在负载投入和切断瞬时利用(双向)晶闸管的特性,在平时闭合工作时利用机械触点接触电阻极小的特性,研制了晶闸管和磁保持继电器结合使用的智能型三相不平衡治理开关,如图4.2.1、图4.2.2所示。

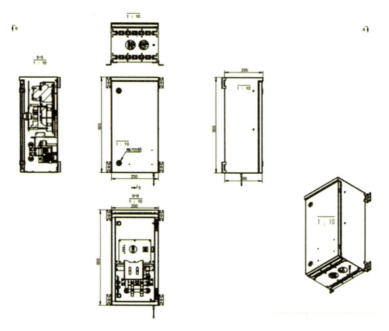

图 4.2.1 三相不平衡调节装置换相开关三视图

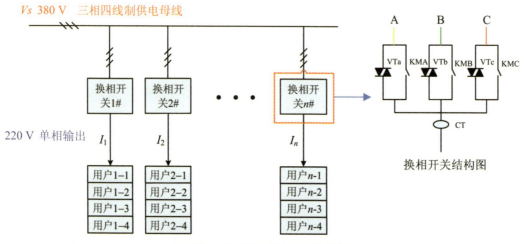

图 4.2.2 换相开关系统接线示意图

（2）提出了一套换相控制策略。

智能型三相不平衡治理开关的切换方式主要分为稳态切换和暂态切换两种方式。系统稳态时，根据负荷特性自动完成选相仲裁判断并进行投退操作，数字信号处理器（DSP）根据电压过零点投入、电流过零点退出原则触发阀体，实现负荷的平滑过渡，避免对电网产生冲击；当装置处于系统电压缺相、工作电源缺相供电、电压≤额定电压（220 V）的 20% 等载态情况下时，智能三相不平衡治理开关具备多工况识别判断功能，配合断路器实现开关是否投退等判断和操作；当发生接触器拒动、阀体损坏、触发系统故障等自身故障时，设备可完成自诊断并采取相应保护措施，如图4.2.3、图4.2.4所示。

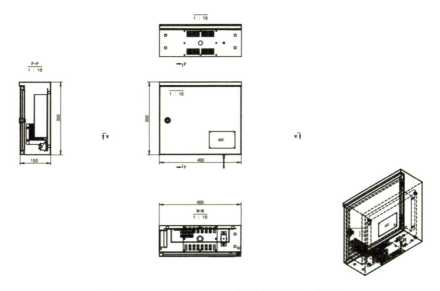

图4.2.3 三相不平衡调节装置主控制器三视图

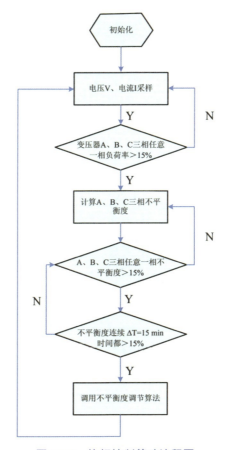

图4.2.4 换相控制策略流程图

（3）研制了一套智能三相不平衡治理装置。

智能三相不平衡治理装置(DUS)由主控制器与智能换相开关组成。主控制器根据各组换相开关电流大小智能分配各相电流,确保三相负荷平衡。换相开关采用双相晶闸管并联接触器结构,换相过程不停电、无冲击、切换速度快,换相开关与主控制器之间通过GPRS无线通信,免维护,易于扩展。装置系统示意图如图4.2.5所示。

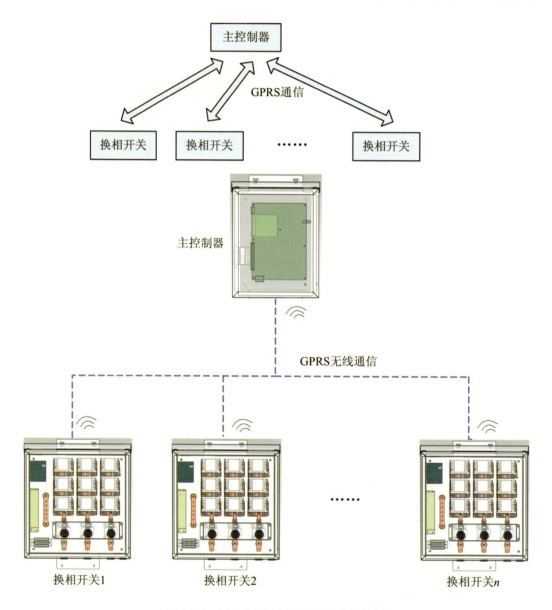

图4.2.5　智能三相不平衡治理装置(DUS)

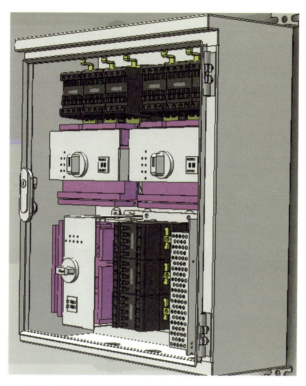

图 4.2.5　智能三相不平衡治理装置(DUS)(续)

智能三相不平衡治理装置(DUS)规格参数如表4.2.1所示。

表 4.2.1　装置规格参数

	参数类型	规格参数
系统参数	额定电压	380 V
	额定容量	100 A/支路,200 A/支路
	额定频率	50 Hz
	工作状态	正常运行,故障报警,电源供电
	接线方式	三相四线制
	通信接口与协议	CAN、485、GPRS
	冷却方式	自然散热
	可接换相开关	≤99 台
性能指标	整机效率	>99.9%
	换相时间	<10 ms
	过载能力	1.5倍额定电流,长期运行
工作环境	安装方式	箱式、柱上式、壁挂安装
	防护等级	IP54
	环境温度	−25~45 ℃
	环境湿度	最大90%,无凝露
	海拔高度	≤2000 m,高海拔需定制
	噪音	<20 dBA

三、创新点

(1) 提出晶闸管与接触器单相并联开关结构。

首次提出采用背靠背晶闸管并联接触器主电路结构,综合应用了接触器和晶闸管的优点,能够避免在负荷投切瞬间产生的较大涌流,也能避免晶闸管长期运行带来的发热问题。电压过零点触发导通,电流过零点封锁关断,确保三相线路之间相互切换的平滑过渡,做到极低损耗和无谐波注入,这是传统开关装置所不具备的特性。

(2) 智能化免人工干预。

智能三相不平衡治理开关采用以数字信号处理器为核心的控制系统,可应对线路稳态切换情况下最优相线选择和功率分配,在系统出现缺相、空载等工况或其他线路暂态时,装置具备智能判断功能,可自动选择最佳控制方案,无需人为干预。整机结构紧凑,便于安装维护和运行检修。

四、项目成效

(1) 三相不平衡治理:能够对配电网三相不平衡进行调节,使三相支路平均分配负荷,降低三相不平衡引起的三相负载及变压器损耗,提高供电质量和供电可靠性,降低用户投诉率。

(2) 不停电切换技术:采用过零换相技术,换相时间最大10 ms,能够避免在负荷投切瞬间产生的较大涌流,避免对用户的用电设备产生影响。

(3) 智能缺相不停电技术:对于单相线路故障引起的用户断电,DUS开关可快速断开故障相,同时主控系统进行快速计算,将用户切换至线路电流裕度最大的正常相运行,避免用户断电,提高了供电质量。

(4) 台区最优配置计算:可根据台区用户情况、容载比对台区内需安装的DUS数量进行最优计算,计算调整负荷三相不平衡所需的最少设备数量,减少设备投资,使装置经济效益达到最大化。

(5) 节能可靠:采用双相晶闸管并联接触器结构,避免了传统换相开关中半导体器件长期运行带来的发热问题,将大幅提高配网运行稳定性和安全性,装置自身损耗小,接近零损耗,对环境无电磁污染、无噪声污染。

(6) 智能控制免维护:采用高速数字信号处理器(DSP)和阀触发系统,结合先进的控制策略,根据负荷特性实时、智能调节各组换相开关组合,快速平衡负荷,达到最优控制结果。

(7) 可扩展可重构:各换相开关与主控系统通过GPRS无线通信进行数据交

换,可根据负荷的增减,对换相开关进行扩展和重构。

（8）安装方式灵活：可适应室内、室外、壁挂、柱上等多种安装方式。

推广应用效果如图4.2.6~图4.2.9所示。

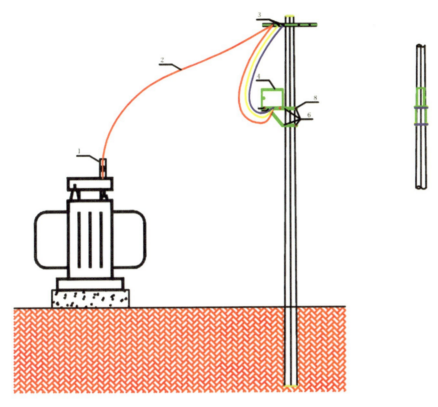

8	控制箱支撑件	1				
7	等长双头螺栓	4	M10×350(配2平1弹1母)			
6	螺栓	4	M10×40(配2平1弹1母)			
5	螺栓	2	M10×40(配2平1弹1母)			
4	DUS控制箱	1				
3	控制箱工作电源线	2	ZR-KVVP 2×2.5			电源：220 V
2	户外CT采样线	6	ZR-KVVP 6×2.5			A、B、C三相各两根
1	户外CT	3				CT采样从变压器出口测量CT引出
序号	名称	数量	型号规则	单件	总计	备注
				重量		

图4.2.6　DUS控制箱动模图

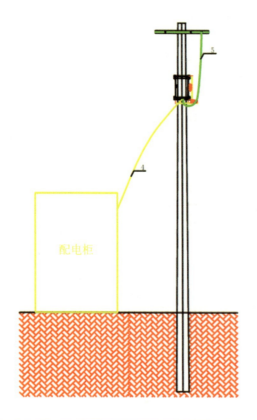

5	开关箱出线侧电缆	2	YJV–2×35			长度根据现场工况截取
4	开关箱进线侧电缆	4	YJV–3×35+1×25			长度根据现场工况截取
3	三相不平衡开关箱	1				
2	槽钢	2				
1	抱箍	2				
序号	名称	数量	型号规则	单件	总计	备注
				重量		

图 4.2.7　三相不平衡开关箱动模图

红梅新村低压线路改造后

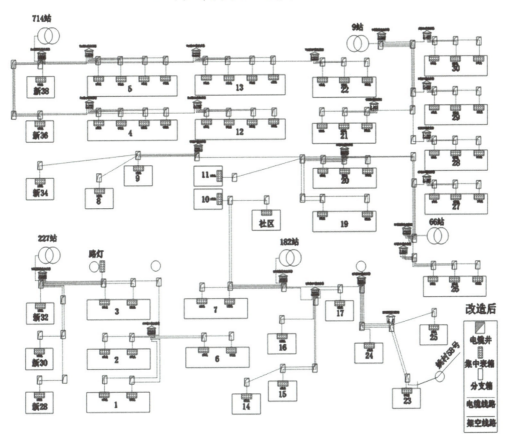

图 4.2.8　现场安装系统接线图

图 4.2.9　现场安装实物图

项目成员	尹元亚	缪　伟	葛明明	莫少伟	常万友	张国庆	孔维靖
	丁焱飞	王　平	常晶龙	王文斌	叶长青	马亚运	黄　林
	葛锦锦	周　瑾					

项目3
配变台区标准化验收APP

国网宿州供电公司

一、研究目的

配电网工程建设中的项目竣工验收工作至关重要,是保证工程建设质量、核对工程量的必要环节,是保证工程投运安全运行、发挥供电效应的重要保障。以往工程验收主要是通过现场验收人员人工判断,存在以下问题:一是验收标准尺度不统一,验收人员的业务水平参差不齐,导致验收质量不可控;二是每个验收组需要3~4人,每组一天最多可以验收4个台区,占用大量人力资源且效率低下;三是验收过程资料均为纸质手写记录,未能形成有效的电子档案管理,后续追溯及查阅较为困难;四是各级验收结论相互独立,不能实现对工程质量的闭环式管理。如图4.3.1所示。

图4.3.1 传统验收模式的弊端

为了解决上述问题,宿州公司结合最新的图像识别技术开展了配变台区典型设计验收APP研发工作。

二、研究成果

配变台区典型设计验收APP通过移动终端拍摄的配变台区照片和后台典型设计标准进行比对,检测配变台区安装模式、工艺质量中存在的问题和缺陷,自动生成验收报告,核实台区工程量,实现了国网典设100%应用、现场工艺一模一样的目标,提高了整体验收效率;通过拍照识别铭牌进行设备台账自动登记,实现了一次验收完成现场收集设备台账信息的目标;同时,验收台账无纸化登记,自动记录验收时间、验收人员及各级验收结论,生成台区验收二维码信息,实现了验收环节的可追溯化管理。APP使用界面如图4.3.2所示。

图4.3.2 APP使用界面

续图4.3.2 APP使用界面

三、创新点

（1）在国网系统内,率先通过拍摄竣工图片方式,实现对变台工程的辅助验收,如图4.3.3所示。通过图像识别技术进行的竣工验收,排除了因验收人员自身对标准理解偏差造成的验收质量不高、层次不齐,设备带缺陷投运等问题,实现了验收标准的统一,提高了验收质量和发现缺陷的准确性,避免了因施工工艺不规范导致的设备故障。

图4.3.3　通过图像识别技术进行的竣工验收

（2）APP具有深度学习能力,可持续提升识别准确度。通过以图搜图的方法实现对电线杆、变压器、低压综合配电箱等物料的照片进行样本学习,在使用过程中不断完善样本库进行深度学习,持续提升识别准确度。如图4.3.4所示。

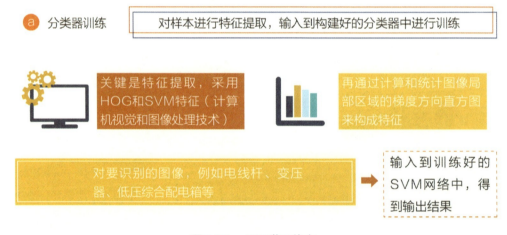

图4.3.4　APP学习能力

（3）一键式登记设备台账。APP通过识别设备标识铭牌信息,自动生成电子台账,后台转换后,可实现与PMS2.0的无缝对接。APP能自动生成验收报告及验收信息二维码,记录验收信息,形成历史存档,便于业主单位管理及后期质量追责。如图4.3.5所示。

（4）技术无限拓展性。该技术完善成熟后,可在线路工程、变电工程、直流工程、房屋基建工程等专业工程中拓展应用,提升国网公司系统各类工程标准化建设水平;更进一步,该技术可以转移至其他行业相关领域,提升中国创造的标准化水平。

图 4.3.5　一键式登记设备台账

四、项目成效

该项目已在宿州公司 2016 和 2017 城配网工程中试点使用,有效提高了宿州公司配电网标准化建设水平;施工单位自验收功能,有效地提升了验收成功率;自动生成验收信息二维码,运检人员通过手机扫一扫即可获取该台区的施工、验收及投运相关信息。如图 4.3.6 所示。该 APP 在配电台区施工、验收及运维过程中起到了统一标准、提升效率及过程追溯的功能,为配电台区精益化管理提供了有力支撑。

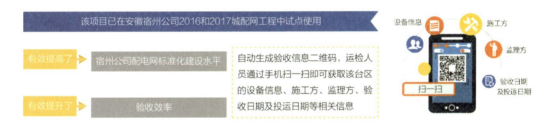

图 4.3.6　APP 试点使用成效

1. 经济效益

传统的验收方式,一组 4 人,每天平均验收 4 个台区。利用该 APP 进行验收,2 人每天平均验收 8 个台区。按照宿州人均工资 150 元/天进行计算,传统方式每个台区验收费用为 $4/4 \times 150 = 150$ 元/(人·台)。使用 APP 后,台区验收费用为 $2/8 \times 150 = 37.5$ 元/(人·台)。按照宿州公司每年改造 3000 个台区计算,全部使用 APP 进行验收将会节省 33.75 万元。如图 4.3.7 所示。

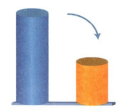
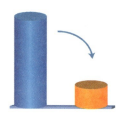

图4.3.7 经济效益

2. 管理效益

按照宿州公司规模计算，使用传统方式共需要 $3000/4\times4=3000$ 工日，使用 APP 则只需要 $3000/8\times2=750$ 工日，共节省人力资源 2250 工日，所释放出来的人力资源可有效促进企业其他管理工作的规范开展和管理水平的不断提升。如图 4.3.8 所示。

图4.3.8 管理效益

3. 社会效益

按照传统验收模式,平均每台区从竣工到验收需要10天时间;新技术推广后,该时间缩短至3天,平均每台区可提前7天投运,及早发挥投资效益,提升社会对公司品牌的认可度。如图4.3.9所示。

社会效益

- 按照传统验收模式,平均每台区从竣工到验收需要10天时间
- 新技术推广后,该时间缩短至3天,平均每台区可提前7天投运,及早发挥投资效益,提升社会对公司品牌的认可度

图4.3.9 社会效益

安徽省目前正在全省推进标准化施工规范,标准统一,该项目进入实用化阶段以后,可以在全省范围内推广。如国家电网公司统一推广标准化作业,该APP可以根据各省不同要求实现大范围推广,市场巨大,前景广泛。

项目成员	凌　松　杨春波　戚振彪　曹新义　赵　敏　李毛根　徐　飞
	周远科　陈　宝　陈兴宗　刘婷婷　薛　莲　李　军　訾　泉
	梁华银

项目4
移动式工厂化预制作业平台

国网宿州供电公司

一、研究目的

根据《国家电网公司配电网建设改造"十三五"规划》和《国家电网公司配电网建设改造行动计划(2015—2020年)》,国网公司将配电网技术导则、典型设计和标准物料等标准化建设成果落实到10 kV及以下配电网建设改造全过程,全面提升配电网建设改造安全、质量、效率和效益水平,全面开展10 kV及以下配电网标准化建设改造创建活动。

公司按照"统一规划、统一标准、安全可靠、坚固耐用"的原则,深入贯彻资产全寿命周期管理理念,加强标准化建设,坚持需求导向、精准投入,落实"四个一"的工作要求(项目需求"一图一表"、设备选型"一步到位"、建设工艺"一模一样"、管控信息"一清二楚"),全面执行典型设计,全面应用标准物料,按照标准化工艺进行施工,做到建设工艺"一模一样"。公司大力推进配电网标准化建设,推进设计标准化、模块化。考虑各类供电区域特点,按照省公司下发的标准物料目录和典型设计优化选取适用于本地区的典型设计和标准物料,提高互换性和通用性,明确施工工艺标准和验收标准,使标准化成果全面落地。典型设计应用率和标准物料执行率达到100%,施工工艺达标率达到100%。

为持续提升农配网标准化建设水平,进一步落实"四个一"标准化建设改造创建工作要求,提高配网工程建设效率、质量、安全和标准工艺水平,宿州供电公司严格落实国网公司"能在工厂装配的不在施工现场做,能在杆下装配的不在杆上做,能提前装配好的不现用现做"工厂化施工理念,以国网典设100%应用、标准物料100%应用、施工工艺"一模一样"为目标,多举措加快10 kV柱上变压器台工厂化预制装配工作,积极研发应用。

在推进工厂化预制工作的同时,为满足工程量和不同地形特征下工程建设需要,综合地域特征、作业半径以及便于抢修等因素,公司研发了移动式10 kV柱上变压器台工厂化预制平台。移动式工厂化预制作业平台,将传统的固定式预制化生产线整合组装至箱式车间,直接开赴作业现场,根据原有设备、连接方案等,现场制作成品物件,即通过箱式车间的移动,实现工厂化预制生产线的移动,从根本上提高工厂化预制成果在配网标准化建设中的应用程度,进一步提升建设效率。

二、研究成果

移动式10 kV柱上变压器台工厂化预制平台是在标准化设计的基础上,将传统施工中现场制作的工作内容在移动式工厂化预制平台上提前完成,以有效解决工艺不标准、工作强度大、施工周期长等问题。移动式工厂化预制平台,可在施工现场完成高压下引线预制、变压器低压出线预制、接地扁铁预制以及拉线预制,能充分满足柱上变压器台现场标准化施工要求。

移动式工厂化平台上整合六大功能区域,分别为自动输线剪切区、高压线缆弯曲成型区、剥线及压线帽区、组装工作区、扁铁剪冲折生产区、拉线预制区(见图4.4.1),可完成10 kV柱上变压器台高低压引接线、接地引上线扁钢、拉线、低压出线等模块工厂化预制。这些区域的设备都由我们自行独立研发。同时为解决一些偏远地区缺电问题,该平台还自配了太阳能和风力发电、储能及逆变系统,可启动平台上的液压工作站、空压机及逆变直流焊机,缺电时不影响平台的正常生产。

考虑到空间布局的合理性和施工人员操作的便利,输线剪切区域放在平台的一端,弯曲成型区和拉线预制区以及扁铁剪冲折生产区依次放在一排,组装区和剥线及压线帽区放在另一排,输线剪切区和两排生产线之间形成T形过道,便于员工操作。工作时,打开移动式工厂化平台两面的侧板,侧板的上下展开由液压系统完成,打开后的侧板和T形过道形成工作区域,生产过程中侧板区域也可以摆放制作的材料以及成品。为了节省空间,平台将剪切、冲孔、折弯等工序和工作台以及太阳能板升降集中在一个液压系统中,同时将空压机和焊机以及液压工作站都放在操作台内部,保证了员工在过道中的操作安全。

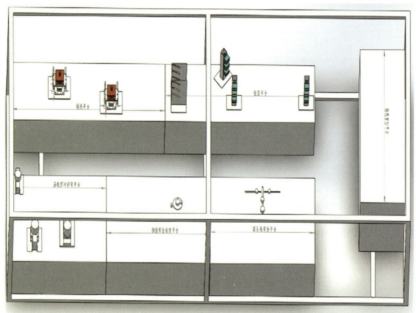

图 4.4.1 移动式工厂化预制平台

(1) 线缆输送剪切一体机:根据典型设计方案及设备外形尺寸,线缆输送剪切一体机通过 PLC 控制,自动设定长度,自动输送导线、定位导线、切割导线,确保尺寸统一,切口平整。如图 4.4.2 所示。

图 4.4.2　线缆输送剪切一体机

（2）线缆握弯成型机：根据工艺需要，可自动定位导线握弯位置，采用自动定型曲线器将导线握弯弧度一次成型。如图 4.4.3 所示。

 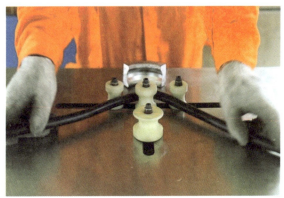

图 4.4.3　线缆握弯成型机

（3）线缆绝缘层剥除机：可定位绝缘层剥除位置，使用上、下两片绝缘导线剥皮刀专用工具，根据定制化图纸剥除导线绝缘层，完整切除绝缘层并不伤及线芯，且切口平整。如图 4.4.4 所示。

（4）附件组装平台：使用引接线制作平台完成引线绑扎、接线端子压接、热缩管的安装、验电环安装等工序。该平台由快速夹紧机构、绝缘子端的固定以及自动液压压鼻机构组成，可以使线缆绝缘子端绑扎方便，避雷器下引线安装快速。如图 4.4.5 所示。

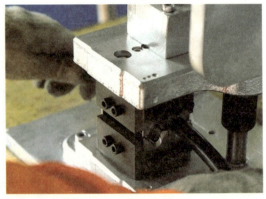

图 4.4.4　线缆绝缘层剥除机

图 4.4.5　附件组装平台

（5）拉线预制机（见图 4.4.6）：主要包括钢绞线折弯，楔形线夹压紧以及金具、绝缘子组装三个步骤。

图 4.4.6　拉线预制机

①钢绞线折弯:按照实际需要截取钢绞线长度,在平台上利用PLC控制电机达到需要的弯曲角度,将钢绞线折弯,确保折弯成型好,不破股。

②楔形线夹压紧:使用平台上的楔形线夹压紧装置将线夹的舌板与钢绞线吻合紧密,线夹凸肚在尾线侧。

③金具、绝缘子组装:用钢线卡子绑扎固定,安装拉紧绝缘子。在现场,将拉线上端安装在电杆上,现场使用便携式拉线制作器安装UT型线夹,与拉线棒连接。

(6)接地扁铁冲孔折弯一次成型机(见图4.4.7):主要包括接地扁钢冲孔、平弯制作、集中喷涂三个步骤,将传统施工现场的折弯、打孔、裁剪、喷漆等工序转入移动式工厂化预制车间内完成。

图4.4.7 接地扁铁冲孔折弯一次成型机

①扁钢冲孔:选择所需模具,自动定位,按照典型设计依次打孔。

②平弯制作:按照标准工艺进行平弯制作,利用定位器定位折弯位置,将扁钢放入平弯模具中,一次完成平弯制作。

③集中喷涂:将扁钢放入喷漆架上摆列整齐,将喷漆架挡板盖上并滑至最右端固定,在扁钢上喷黄色油漆,喷完后将挡板移至最左端固定,在扁钢上喷绿色油漆,喷完后打开挡板,将扁钢抬至晾架上进行晾晒。如图4.4.8所示。

图 4.4.8　接地扁铁集中喷涂支架

三、创新点

（1）将原来的固定式工厂化预制车间，创新组装成可移动式工厂平台。该平台占地面积小，不需要固定厂房，可移动到施工现场进行操作，对非标组件可在现场依据测量尺寸进行加工，做到工艺质量标准统一，施工工艺达标率达到 100%。

（2）该平台增加了工厂化预制装配内容。在原有引下线和接地扁铁的基础上，创新探索新的装配内容，经过整合，新增了拉线制作、变台进出线电缆压弯、杆上横担辅助定位等装配内容，推广应用后能够进一步提高工厂化装配成效。

（3）该平台引入了绿色电源设计理念，创新性地采用太阳能和风力两种清洁能源进行发电，既落实了电能替代战略，又切实满足了野外抢修的施工电源供应问题。

（4）该平台内部设备自行研发，自动化程度高，控制端采用 PLC 编程控制，执行端采用变频电机、气动和液压组件完成，适合对典设组件的预制，生产效率高、稳定性强，设备操作安全可靠。

（5）箱式车间采用压缩式生产线编排技术，整个车间尺寸为 2.2 m×5.4 m×2.2 m（长×宽×高），占地面积仅 12 m²，可有效缓解基层供电企业在推广固定式工厂化预制车间时遇到的无厂房、租建厂房困难、安排专职人员管理困难等局面；尤其是对于合肥、北京、上海、天津等发达地区供电公司来说具有更广阔的推广应用价值，不仅解决了厂地困难的情况，还能解决远距离配送物资遇到的交通堵塞等困难。

四、项目成效

1. 社会效益

该平台提供了台区标准化建设中扁铁剪切、冲孔、折弯成型，线缆剪切、握弯、剥线、压鼻以及组装等生产工序，同时配置拉线专用机和逆变焊机，让现场施工变成标准化车间施工,推动配电网建设改造由现场零散施工向规模集中作业转变。该平台减轻了员工施工难度,台区安装质量可靠,标准化程度高,降低了登高作业的安全风险,安全性也得到了很大提高,同时也保证了施工过程中的标准化,减少了项目验收的工作量。安装效率能够得到极大提高,市场潜力巨大。对于强对流、洪灾等恶劣环境频发地区,为快速恢复受损配电网、降低现场抢修工作风险,移动式工厂化预制平台可直接开赴现场工作,提高故障处理和抢修效率。

依据《国家电网公司配电网工程典型设计(2016年版)》,柱上变压器台安装模式应统一,且标准物料统一,在移动式工厂化预制平台应用过程中可使各单位进一步精简标准物料,以及提高标准物料的互换性和通用性。

2. 经济效益

该移动平台可以在现场对安装组件进行预制,减少了工人在高空的作业时间,提升了安装效率。该平台可移动到现场,不需要标准化预制厂房,减少了各种中间环节,同时减少了厂房装修和租赁的费用。由于减少了高空作业时间,引下线制作可缩短10.5个工时,扁铁制作可缩短2个工时,拉线制作可缩短3个工时。按照目前每个工时25元的标准,单个县公司年需求量300套计算,每年可节省工时费=15.5×25×300=116250元。第一年节省厂房租赁及装修费用90000元,对单个县公司而言,节省厂房租赁、装修费用和工时费合计206250元(见表4.4.1),全省72家县公司合计节省费用=206250×72=14850000元。由此可见,该项目节省成本效果明显,具备推广的条件。

表4.4.1 该设备应用前后生产效率对比

引下线制作				
项目	车间预制时间	高空作业人数	地勤人员人数	耗费时间	对比结果
预制前	无	2人	2人	约180分钟	缩短10.5个工时
预制后	15分钟	1人	1人	约30分钟	

扁铁制作				
项目	携带配套设备	用工人数	耗费时间	对比结果
预制前	至少3台	2人	约65分钟	缩短2个工时
预制后	无	1人	约10分钟	

拉线制作				
项目	携带配套设备	用工人数	耗费时间	对比结果
预制前	至少3台	2人	100分钟	缩短3个工时
预制后	无	1人	10分钟	

厂房租赁及装修费用				
厂房面积	每年租金	装修费用	合计费用	对比结果
300 m²	60000元	30000元	90000元	节省90000元

3. 成果目前的应用范围、应用效果以及应用前景

应用该移动平台后，配网标准化建设水平得到了大幅提升，配电台区优质工程一次建设占比从原来的85.2%提升到现在的98.5%，为智能配电网的打造夯实了基础；各施工单位使用预制化成果后，总体工程建设效率较以往大幅提高，深受施工单位的喜爱。

针对移动式工厂化预制装配实施的需要，公司对各县公司的试点承载能力进行了分析，经过择优评价后由砀山县公司组织承接试点工作，由其集体企业梨都公司具体承办试点工厂和装配平台建设，调试完成并经过验收合格后，产品将供应给全市农配网工程使用，成为全市农配网工程提速提效的"起源地"。

项目成员　李毛根　凌　松　杨春波　戚振彪　曹新义　赵　敏　周远科
　　　　　　　徐　飞　陈　宝　刘婷婷　赵　垒　陈兴宗　于　方　王宜福
　　　　　　　梁华银

项目5
10 kV配网带电清障机械臂

国网淮南供电公司

一、研究目的

目前,城市配网线路基本沿城市道路架设,大部分线路延伸于树林里穿行。虽然架空线路使用的多是绝缘导线,但由于大多穿行于树林,运行中经常发生绝缘导线被树枝磨破绝缘皮而发生放电打火及断线故障,尤其在遇到大雨大风等特殊天气时此类问题尤为突出。我们对安徽省多家地市公司的10 kV配网线路跳闸和断线故障进行分析后发现,90%以上的绝缘导线断线是由树障造成的。遇到强对流恶劣天气,线路跳闸故障经常发生,这大大降低了10 kV配网运行的可靠性、安全性及经济性。

为了降低配网跳闸率,树木清障是各供电公司的重要生产任务。由于工作安全性的要求,大部分清障需要线路停电由人工实施,而且部分线路段人工实施也难以进行。

所以如何科学地解决树木清障问题,是亟待解决的课题。为此我们研制了一种用于10 kV配网线路带电清障的机械臂,可以在人员、车辆不能到达及带电情况下进行树木清障,繁重而危险的树木清障工作变得安全高效,大大提高了配网运行的可靠性。

二、研究成果

1. 机械臂的设计架构

10 kV配网线路带电清障机械臂由机械系统、控制系统、供电系统组成。其特征在于,所述机械系统由基座、臂身、链锯三部分构成;所述控制系统由伺服机构、控制器、监控监测组成;所述供电系统为由蓄电池组组成的直流系统。

机械系统为六轴六自由度关节型机械臂(见图4.5.1),基座是一个旋转平台,下部与工作斗固定,上部可回转一周,臂身采用铝合金腔体,中空关节,由直流电机伺服驱动,链锯是机械臂末端执行器,通过卡槽固定于关节7。所述控制系统伺服机构采用驱动器和直流电机,控制部分采用主控制器协同遥控接收机。所述供电系统有24 V、48 V、220 V三个等级,分别给24 V和48 V等级的驱动器以及220 V链锯供电。

所述的六轴六自由度关节型机械臂,其特征在于,运动的实现由六个单轴关节完成,关节1由电机M1控制腰关节回转运动360°,关节2由电机M2控制肩关节摆动85°,关节3由电机M3控制肘关节摆动270°,关节4由电机M4控制腕关节俯仰运动180°,关节5由电机M5控制腕关节偏转运动180°,关节6由电机控制肘关节旋转360°,关节7由卡槽电机M7控制链锯切割行程。

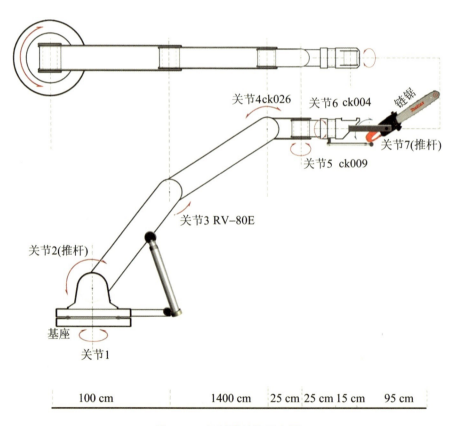

图4.5.1 机械臂结构示意图

2. 机械臂的控制结构及工作原理

机械臂的伺服控制系统如图4.5.2所示。

伺服机构为驱动器+直流电机,控制部分由主控制器协同无线收发装置共同实现。

当接收器收到指令后,控制器根据指令输出控制信号,控制伺服机构工作,其中关节1、关节2、关节3电机的控制是闭环系统。

电机M1、M2、M3由反馈电路闭环控制,电机M4、M5、M6为开环控制。卡槽电机M7和链锯电机由遥控设备控制。

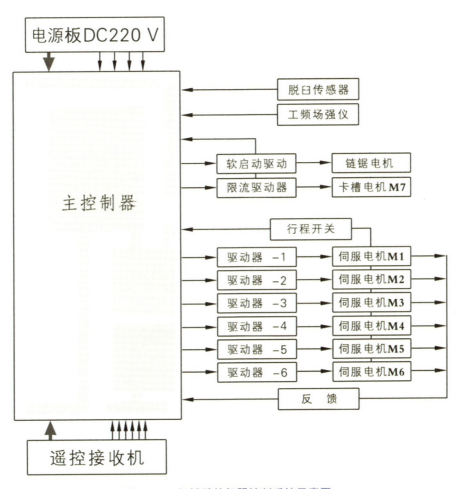

图4.5.2　机械臂的伺服控制系统示意图

3. 运动学原理

该机械臂各结构联动姿态为:关节1转动调整方位角指向目标;关节2、关节3转动调整仰角和臂展指向目标;关节4、关节5转动调整手腕姿态;关节6转动调整链锯的切割角度。机械臂坐标系图如图4.5.3所示。

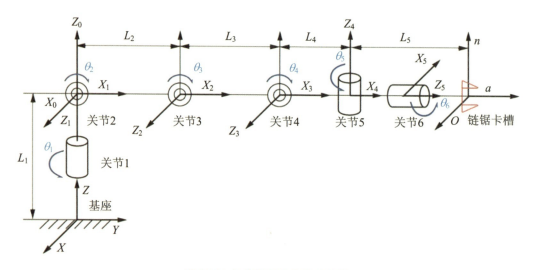

图4.5.3 各关节运动轨迹坐标图

单臂长度:$L_1=45$ cm;$L_2=105$ cm;$L_3=145$ cm;$L_4=25$ cm;$L_5=25$ cm。

关节转角:$-180°\leqslant\theta_1\leqslant+180°$;$0°\leqslant\theta_2\leqslant+85°$;$0°\leqslant\theta_3\leqslant+270°$;$0°\leqslant\theta_4\leqslant+180°$;$-90°\leqslant\theta_5\leqslant+90°$;$-180°\leqslant\theta_6\leqslant+180°$。

机械臂的基座固定在高压带电作业车的载人平台(斗)上(见图4.5.4),作业区域空间可达7.6米(SR=3.8 m球坐标系)。作业完毕后机械臂收起,即关节1回中,关节2左旋,关节3右旋,关节4左旋,关节5、关节6回中,所有单臂纵向折叠成水平状。

图4.5.4 机械臂实物图

三、创新点

(1) 本机械臂为六轴六自由度设计,可确定在三维空间中的任意位置和姿态,易于通过运动规划与关节控制实现100%避障;利用带电作业绝缘斗臂车作为机械臂基础,可实现作业范围的高度和绝缘要求;并且机械臂总重量仅95 kg(带电作业车绝缘斗额定承载重量270 kg),满足带电作业车安全承载能力。

(2) 机械臂有仿生脱臼保护,当机械臂承受超过450 N外力时,脱臼机制动作。即发生外力冲击时,机械臂通过关节顺应力方向脱臼,旋转缓解冲击,通过卸力的方式实现对本体的保护。机械臂可在30 s内复位。

(3) 将交流链锯加装整流器改造为直流链锯,既可使用直流电源,又具备交流链锯的高扭矩特点,在阻力较大的情况下仍可以动作而不至卡锯。

四、项目成效

1. 效益分析

10 kV带电清障机械臂研制完成后,公司安监部、运检部联合验收合格,制定了《10 kV配电线路带电清障机械臂运行操作规范标准试行稿》《10 kV配电线路带电清障机械臂维护保养手册试行稿》,并批准使用于清障工作现场。

在2016年8月~2016年10月的3个月时间内的配网线路清障工作中进行了使用,期间共开展清障工作17次,带电作业绝缘斗臂车全部能够到位,全部使用10 kV带电清障机械臂进行带电清障。

按传统停电清障每次停电2条线路,每条线路50个台区,每个台区容量315 kVA,停电时间1小时计,使用机械臂可创造经济效益34.8万元,如图4.5.5所示。

图4.5.5 效益分析图

2. 项目后续展望分析

后续拟研制类人双臂协作机器人系统(见图4.5.6),逐步替代现有电力系统中输、配、变等各项人工作业,降低电网运检安全风险,提高电网作业工作效率,产生显著安全、经济和社会效益。

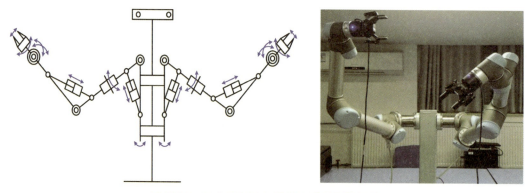

图4.5.6 类人双臂协作机器人设计图及样品

主要研究内容:

(1)高功率密度一体化关节及机械臂仿生构型研究。此双臂机器人与人类手臂自由度分配类似,具备模拟人类工作的能力。每条臂通过前四个关节模拟肌腱拉动、后三个关节模拟手腕动作,在此基础上实现机械臂的高负载、柔顺、灵活仿生动作。研究实现一体化关节的高性能运动伺服控制器及控制算法,优化多自由度耦合一体化关节和仿生肌腱式驱动关节这两类新型一体化关节的结构和运动特性,建立多自由度一体化关节的运动学解耦控制与动力学补偿控制方法,进而研制出高性能运动伺服控制器。

(2)面向电力作业的双臂协作机器人轨迹规划与安全操作规范研究。研究由两个7轴仿生机械臂构成的类人双臂协作机器人的运动学正解、逆解与轨迹规划算法,开发出双臂机器人的运动控制与轨迹规划软件。通过激光雷达实时采集被作业对象和环境形态信息,在轨迹规划中引入危险区域设置和安全操作规范要求。

(3)基于虚拟现实技术和力反馈的电力作业双臂协作机器人遥操作系统研究。利用定制化相机实现对操作现场的视频实时采集和传输,同步转化为浸入式的虚拟现实显示给操作者。基于虚拟现实和机械手力反馈,操作者通过遥操作手柄接收力觉信息,并对双臂动作进行精确的位置控制和姿态控制。对于部分已学习并建立规范动作库的典型作业,还可通过虚拟现实显示屏上的虚拟按钮进行选择操作,由机器人自动完成作业。

(4)面向电力作业的双臂协作机器人系统集成应用示范。通过现有的高精度三维运动捕捉系统与表面肌电信号采集系统的联合测试,建立技术工人电力作业技能的规范动作数据库。通过带电操作现场模拟,进行机器人示教学习,训练机器人快速更换工具,并通过具体的操作任务进行案例学习,提升双臂协作机器人的智能化程度,逐步实现自动化作业,满足输、变、配电各类作业需求。

（5）建立满足配电网不停电作业需求的各类专业工器具库，以满足配网不停电作业过程中拆、装、接、断等工作需求。

项目成员	马开明	陈　洪	韩先国	刘　阳	高　山	史梦迪	郭　祥
	张　坤	高　闯	江广克	夏　炜	解厚喜	施淮生	刘　强
	马　杰						

项目6
配网线路绝缘修复机器人

国网淮南供电公司

一、研究目的

在中低压10 kV配电线路的农网架空线路中经常会遇到像树木等可变障碍物（见图4.6.1），为了保证线路的安全可靠，常常会采取对中低压10 kV配电线路包裹绝缘橡胶的措施来增强线路的绝缘性，保证配电安全有序地进行。

图4.6.1　现场情况

目前,绝缘修复工作一般会由电力升降车将工作人员送至施工点完成,这种做法只适用于地势平坦开阔的沿海及发展较快的内陆城市地区,具有很大的局限性,对于很多工况较为复杂的环境,例如发展较缓的乡村和地势坎坷的地区,不仅车辆难以到达施工位置,而且劳动强度大、作业效率低、作业质量不稳定,同时存在严重的人身安全隐患(见图4.6.2),已越来越不适应现代电网和经济社会快速发展的需要。因此用一种自动包裹装置代替人工作业显得尤为重要。

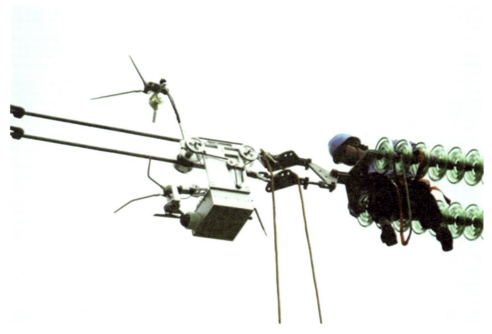

图4.6.2 国内线路机器人使用情况

二、研究成果

针对凤台县供电公司农网10 kV配电线路绝缘修护使用现状,我们开发了一套配电线路绝缘自动修护装置。该装置可以代替人工登高作业,将绝缘自动包裹在电线上。

该装置由行走机构、包裹机构组成。行走机构主要由电机和滑轮组成,电机提供的动力通过齿轮传动带动滑轮滚动,从而实现机器人在架空线上的行走功能;包裹机构是整个装置的核心机构,通过夹紧机械手和移动机械手的配合实现绝缘橡胶的固定与封口。绝缘材料选用乙丙橡胶,该材料具有良好的耐老化性、耐磨性、耐油性、电绝缘性能和耐臭氧性,是电线、电缆及高压、超高压的良好绝缘材料。绝缘橡胶呈开放卡扣式结构(见图4.6.3),该结构对于架空线而言易于使用,操作简单。

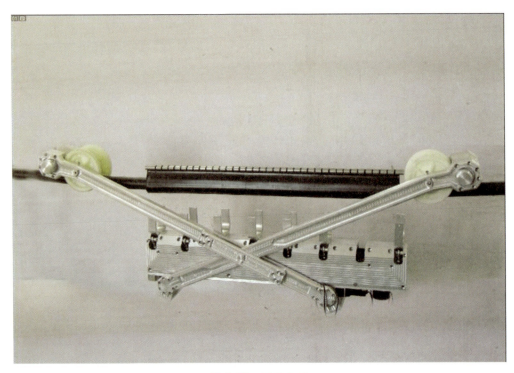

图 4.6.3　整体结构

三、创新点

本项目研制的绝缘自动修护装置能够自动完成 10 kV 配电线路的绝缘修护作业,主要创新内容包括自主设计的行走、升降、包裹机械结构和无线控制。

1. 机械结构创新

自主设计了行走机构(见图 4.6.4)、升降机构、包裹机构(见图 4.6.5)。行走机构主要由包胶和滑轮组成,通过电机提供动力带动滑轮滚动,从而实现机器人在架空线上的行走功能;升降机构采用动滑轮实现输送包裹机构的上升下降,完成整个装置的衔接;包裹机构是整个装置的核心机构,通过连杆与滑轮的配合实现绝缘橡胶的输送与包裹。绝缘材料选用乙丙橡胶,该材料具有良好的耐老化性、耐磨性、耐油性、电绝缘性能和耐臭氧性,是电线、电缆及高压、超高压的良好绝缘材料。绝缘橡胶呈开放卡扣式结构,该结构对于架空线而言易于使用,操作简单。

图 4.6.4 行走机构

图 4.6.5 包裹机构

2. 无线控制

使用 WiFi 网络控制,主要有两个优点:第一,可以使用手机、平板等 WiFi 设备作为控制终端,方便使用且节约成本。第二,相比于蓝牙等无线通信手段,控制距离远,数据传输量大。

四、项目成效

目前国内外关于配电线路的机器人绝大多数只能进行简单的巡线报警功能,极少数具有线路除冰功能,对于配电线路绝缘的自动修复,至今还没有相关的研究论文及成果专利,也没有实际应用的产品。

本项目研制的绝缘自动修护装置能够自动完成 10 kV 配电线路的绝缘修护作业,填补了市场空白。对于提高输电线路维护水平,推动输电线路维护工作向自动化、智能化方向发展,具有重要意义。

使用该装置进行 10 kV 配电线路的绝缘包裹作业,节省了大量的人力物力,具有很高的经济效益。

1. 经济效益

（1）项目投入

本项目共投入 23 万元，其中设备研制费 19 万元，调试及其他 4 万元。

（2）直接经济效益

凤台公司以前绝缘修复工作一般会由电力升降车将工作人员送至施工点完成，至少需要一辆电力升降车和两名工作人员。使用 10 kV 配电线路绝缘修复装置后，仅需要一名工作人员。

一年节省的费用：按一年 80 次、车辆使用费 2000 元/车次、人员费 300 元/人计算为 $80 \times (300 \times 2 + 2000 \times 1) = 208000$ 元。

（3）间接经济效益

凤台公司使用 10 kV 配电线路绝缘修复装置前，对线路绝缘出现破损的导线进行修复作业时，需做停电处理，不仅使公司供电可靠性降低，而且造成了公司的经济损失。

一年带来的经济效益：按一年使用绝缘修复装置 100 次计算，传统方式每次作业时长 1 小时，每次减少停电用户 820 户，其中居民用户 800 户，每小时用电 0.8 kW，工业用户 20 户，每小时用电 150 kW，则一年可带来的经济效益计算为 $100 \times (800 \times 0.8 \times 1 \times 0.5653 + 20 \times 150 \times 1 \times 0.6460) = 229979.2$ 元。

同时对于很多工况较为复杂的环境，采用传统方式作业时，车辆难以到达，劳动强度大、作业效率低、作业质量不稳定，存在严重的人身安全隐患。使用本绝缘修复装置后，减少了作业人员，降低了劳动强度，减少了安全隐患。

2. 社会效益

10 kV 配电线路绝缘修复装置的投运，大幅度提升了凤台县供电公司 10 kV 配电线路绝缘修复工作的效率，进一步提高了配电线路运维的稳定性和安全性，为公司输电线路运维向自动化、智能化发展奠定了坚实的基础。

3. 推广应用

10 kV 配电线路绝缘修复装置适应性好，完全可适用于国内其他 10 kV 配电线路的绝缘修复工作，而且可以安装相关线路检测设备，在进行绝缘包裹作业的同时，检测线路运行状态。

项目成员　宋　杰　谢　飞　孟晨辰　周　静　杨　威　郭宇昊　吴　庆　刘　旸

项目 7
输配电线路移动巡检系统

国网淮北供电公司

一、研究目的

线路巡视管理是有效保证电网线路设备装置安全稳定运行的一项基础工作。通过巡视检查来掌握线路运行状况及周围环境的变化,发现设备缺陷和危及线路安全的隐患,提出具体的检修内容,以便及时消除缺陷,预防事故发生,或将故障限制在最小范围,保证线路的安全和电力系统稳定,达到电力系统"安全、经济、多供、少损"的运行目标。随着社会的不断发展,电网规模日益扩大,基于纸、笔的传统线路巡视模式应对日显无力,主要表现为存在查询速度慢、更新跟不上、准确性不高、人为因素多、管理成本高、无法监督巡视人员工作状态(如有否漏检、未按规定时间巡视)等明显缺陷,同时也无法适应管理线路信息化的发展要求。

基于移动智能终端的线路巡视系统将原来的信息系统延伸到了工作现场,实现了在任何时候、任何地点可随手获得工作所需信息的目的,解决了现场工作人员对大量、精确图纸的查询需要。巡视智能移动终端配置了GPS(全球卫星定位系统),可以利用卫星定位的手段记录定位作业路线,这带来的另一个作用是加强了具体工作人员的责任心,解决了原来缺乏手段考核工作人员是否按路线及时检查电力线路等问题。系统的业务操作采取规程方式,真正实现了业务的标准化与信息化。

二、研究成果

国网安徽省电力公司淮北供电公司运检创新团队分析现有的输配电线路移动

巡检需求,利用智能移动作业终端,从人员身份认证和巡检过程管控等课题入手,研制了一套输配电线路移动巡检系统,有效解决了线路日常巡视不到位的问题,实现巡视人员与设备的精确匹配、定位、轨迹回放,实现线路巡视作业整体流程监督、作业指导和巡视,有效提升了线路巡视效率,提升信息通信新技术与智能电网技术的深度集成与融合,进一步支撑核心业务持续提升、新业务快速发展和专业应用集成贯通。本项目研究主要解决了以下三个技术关键点和难点:

(1) 实现了基于可信身份认证的现场作业人员安全管控方法,以生物识别高安全级别身份认证算法对安全等级以及人员身份进行确认,实现巡检人员实名身份认证,从根本上解决设备主人身份确认,并分配相应的操作权限,设备主人识别有效率达到了98%,确保巡检任务执行可控、能控和在控。

基本原理:利用公安部居民身份证网上认证服务搭建可信身份认证平台用于基于人脸图像生物特征信息的身份识别,如图4.7.1所示,巡视人员通过智能移动终端登录移动应用,采集活体人脸图像生物特征信息,然后通过外网移动交互平台请求可信身份认证平台对人脸信息进行识别,当认证成功,登录巡检应用系统,再根据巡视人员身份分配相应的权限。

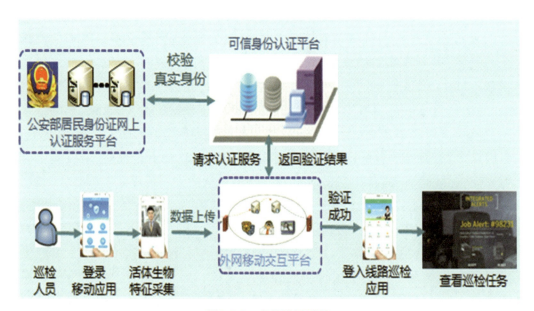

图4.7.1 身份认证过程

(2) 实现了变电站内等室内环境的巡检人员及设备定位,实现室内巡检精确定位与安全防护,基于UWB定位技术研制了适用于变电站以及其他室内环境的定位终端和定位标签,如图4.7.2所示,提出了基于UWB定位技术的巡检人员及设备定位方法,解决了巡检人员室内巡检过程无法管控的难题,完善巡检过程管控机制,基于UWB定位技术实现巡检边界划分,实现巡检人员与重要电力设备的安全边界设置,提升巡检人员与设备的安全保障。

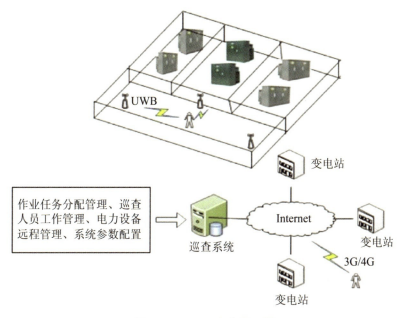

图 4.7.2　UWB定位原理图

基本原理:UWB以基于到达时间的方式来对变电站和巡检人员进行定位,定位精度在厘米级别。在变电站等室内环境部署UWB定位基站,巡视人员携带定位终端,然后利用三坐标法计算巡视人员的位置,如图4.7.3所示,在重点危险区域设置电子围栏,当巡视人员进入危险区域时进行提醒,从而保证巡视人员的安全。

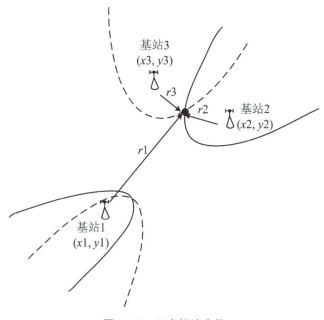

图 4.7.3　三坐标法定位

（3）提出基于智能终端的巡检过程管控方法，实现移动巡检全方位管控。

基本原理：通过移动终端上的高精度定位模块，利用地图匹配算法精确定位巡检人员作业轨迹，实现了巡检人员的实时管控，通过缓冲区分析，设定距离阈值，判断巡检人员是否在有效工作范围内，将巡检到位率量化，如图4.7.4所示，为巡检班组人员的考核提供重要的参考依据。同时，在巡视过程中发现隐患缺陷可以及时上传至主站端，随后就可以进行跟踪处理，有效提升了电力设备巡检过程的全过程监控。

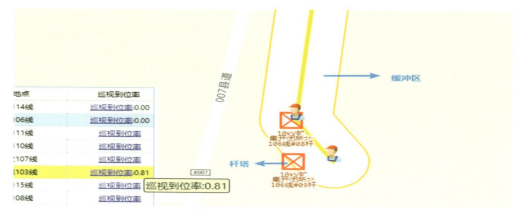

图4.7.4　量化巡视到位率

项目为国内首创，获3项发明专利及实用新型专利授权，发表核心论文2篇，研发了一套基于智能移动作业终端的线路巡视系统，如图4.7.5所示。在安徽省电网成功试运行，结果表明系统运行可靠，人员管控数据及时准确，设计的各模块功能正常，极大提升了现有输配电线路移动巡检作业水平。

图4.7.5　部分创新成果

三、创新点

（1）基于身份认证的巡检系统将已有的电力设备信息系统延伸到巡检作业现场,实现了在任何时候、任何地点可随手获得工作所需要巡检信息的目的。

（2）巡检智能移动终端配置的可信身份验证终端,实现了巡检人员的身份验证,确保了设备主人责任制的落实,确保了巡检过程的可追溯性,加强了具体工作人员的责任心。

（3）基于可信身份验证的电力设备移动巡检技术,实现了故障的精准定位与人员、设备安全的全方位防护,缩减了故障抢修时间,降低了停电总时长,避免了安全事故的发生。

四、项目成效

截至2018年10月,应用系统已经在淮北电力公司、濉溪电力公司相山115线、南湖121线、南湖122线、南湖123线、南湖126线等多条线路进行了现场应用,测试中先采用现有人工巡视方式对各条输配电线路进行巡视,再使用智能移动巡检终端进行测试,从巡视时间、巡视管控、结果有效性和便捷性等多个方面进行了全面的比较。结果表明,应用该系统使现有的线路巡视作业效率得到大幅度的提升,使巡视到位率提高到90%,同时大大降低了巡视人员的工作量,取得了良好的应用效果。

测试中将装有巡视系统的智能终端分发给班组中多位巡视人员,然后对各自管理台区内的电能计量箱进行巡视,测试结果表明该系统能够有效解决巡视过程中出现的诸多问题,与传统巡视方法相比,以前用智能手机拍照编号加上纸质录入,现在利用智能终端扫码识别,发现问题及时拍照上传,随后进行跟踪处理,有效地提高了巡视人员的工作效率。

项目成员　凌　松　戚振彪　张　瑞　郝韩兵　陈　强　陈金鑫　雷　涛　马骁兵　范海波　贾　曲

项目 8
配网设备状态精准预警系统

国网安徽电科院

一、研究目的

目前配网运维检修主要采用计划检修和状态检修相结合的方法,基于设备健康状况及检修资源制定检修计划,按计划开展检修工作,这种方法存在的问题主要有:

(1) 检修计划覆盖面广、执行周期偏长,虽然通过设备状态量及其变化在一定程度上优化了检修工作安排,但未充分体现各地配网在区域、环境、负荷等方面的差异性,难以适应当前配网精益管理要求。

(2) 配网运行影响因素复杂、动态实时性强,定期运维检修和事后抢修为主的工作模式难以有效防范配电网异动事件发生,对配网运维资源管理提出了极高要求,难以有效保障配网安全稳定运行。

(3) 运维检修人员熟悉配变设备状况,但对配网运行状态、配网异动事件缺乏有效了解途径,业务视角相对单一,在制定配网运维检修工作计划及应急保障措施时往往受限于个人经验。

本项目运用大数据技术整合了来自营销、运检及外部气象环境等来源的数据,提取平常时段,以及春节、迎峰度夏等配网负荷高压时段的状态特征,建立预测模型,实现配变设备状态的精准预警:

(1) 构建配网运行特征业务标签,刻画配变运行特征,借助GIS图形展示,辅助业务人员发现配网运行薄弱地带与高风险时段。

(2) 构建配变异常状态预测模型,提前1~7天精准预测配变设备异常状态,对重过载、低电压等异常状态提前预警,实现主动检修。

（3）针对不同地区不同配变设备的异动情况，提出个性化业务解决方案，辅助配网运维精益化管理。

二、研究成果

（1）配网运行特征与业务标签研究。

为便于掌握各地区配网运行规律及各配变设备特征，合肥公司运检团队研究提出了一套配变设备运行状态业务标签（见图4.8.1），包括持续重过载、持续低电压、长期重过载、长期低电压、投诉事件多发、长期三相不平衡、长期轻空载、损耗异常、负荷利用率低等，对所属21000多个配变设备运行状态进行了标签化，并应用GIS地图实现了标签信息的图形化展示。

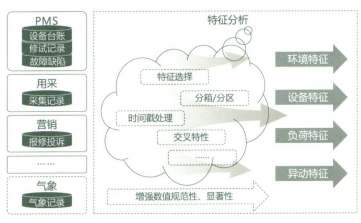

图4.8.1 配网运行特征与业务标签

配变设备运行状态的标签化包括四大主要步骤，一是业务标签定义，结合运维检修工作关注点确定业务标签名称和判别规则；二是数据整合准备，以PMS配变设备为中心，基于ID、地区、时间等条件整合PMS、GIS、用采、营销、气象等多源数据，在HDFS环境下建立配变设备运行数据主题；三是标签匹配定义，采用分箱、交叉验证、特征选择等特征工程技术提出各配变设备运行特征数据，依据业务判别规则完成各配变设备业务标签的匹配定义；四是标签的图形化展示，结合GIS图形处理技术，采用点聚图等方式实现各地配网运行特征的直观可视、分层钻取。

（2）配网异常状态预测模型研究。

为精准预测配网状态变化，方便运检业务人员提前做好工作安排，合肥公司运检团队在长期观察分析配变运行状态变化基础上，提出了一种基于长短时记忆神经网络（LSTM）的配变重过载预测模型和一种基于多元非线性回归的配变低电压预测模型，研发了配变异常状态预警功能，可提前1~7天对各配变的异常状态进行精准预测,可精确到96个时刻点。如图4.8.2所示。

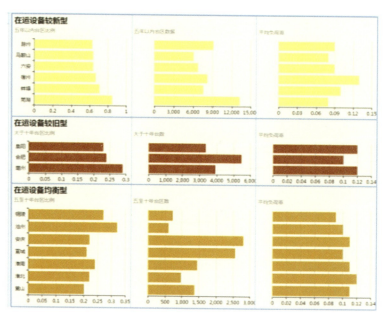

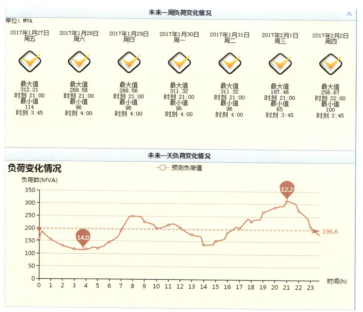

图4.8.2 配网异常状态预测模型

在预测模型构建过程中,基础模型选择是最关键的一环:考虑配变负荷变化随季节、时段呈大小周期性变化,且影响作用较为复杂,通过反复对比,最终选择了长短时记忆神经网络(LSTM),以用电时段、日期、气温及其变化趋势、历史负荷等为输入,构建了4层649个节点的配变短时负荷预测模型,基于负荷预测结果发出重过载预警,模型采用近2年的历史数据训练,预测精度正持续提升中;考虑配变出口电压与设备电气特性密切相关且相对稳定,故选用多元非线性回归模型,基于上级系统电压、配变负荷、三相不平衡等特性进行电压拟合,一配变一模型,从而实现配变低电压事件的精准预测(见图4.8.3)。项目基于 Spark mllib 环境完成了模型构建和初始化,每隔3个月进行一次增量训练,不断稳定模型参数,对于新增设备,依据配变类型、容量、区域等特性提取类似配变模型参数完成初始化,在积累一定历史数据后逐步完善模型参数,对于退役、停运配变,以 PMS 设备状态为准,每日更新、清退不需要预警的配变设备。

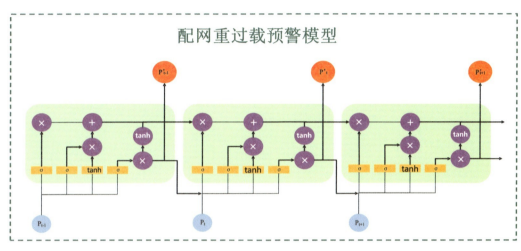

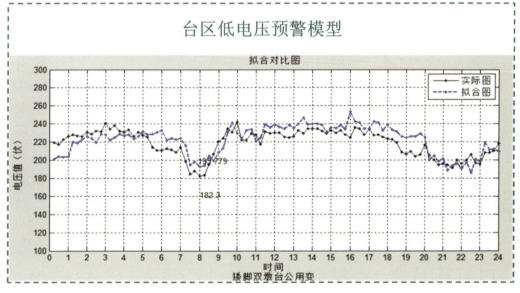

图4.8.3 配网重过载及台区低电压预警模型

(3)配变设备异常状态精准治理研究。

为实现配变异常状态的精准治理,有效解决配网异动问题,合肥公司运检团队系统梳理了配变设备异常状态及应对措施经验,建立配变设备异动分析与处理专家库,结合配变运行特征标签和异常状态预测功能,初步建立了配变设备异动提前预警、精准治理的闭环管控工作机制,自2016年下半年以来常态开展主动监测、检修工作,为检修项目立项、资金调配等工作的开展提供依据。

配变异常状态专家库采用基于规则的专家系统模型实现,可充分利用已有业务知识和经验,无需完整、确定的海量学习数据即可构建模型,实现复杂问题求解。根据配变运行特征状态,建立逆向推理机,针对各种典型配变运行异常状态(特征标签)和客观条件(地区、设备、时段、温度等),通过一系列逻辑判断规则推断出异常状态形成原因,提出最佳治理策略,预估治理成效,生成个性化的业务解决方案,包括基础台账核对、负荷调整、设备挡位调节、临时检修、抢修资源优化、规划改造等策略,自动生成主动检修工单、启动治理工作流程,辅助实现配网设备异常状态的精准治理。

三、创新点

(1) 创新配变设备监测方法。

一是构建配变设备运行特征标签体系,融合GIS地图和标签化技术,即可从宏观上掌握各地配网设备差异性,发现配网管理薄弱环节,又可从微观上辨别配变设备运行特征,全面掌握配变设备运行动态。二是从外部环境、电网负荷、设备状态等多维度监测,精准预警未来状态变化趋势,这是对传统状态监测的突破性提升。

(2) 创新配变状态预警技术。

分别提出了一套配变运行特征个性化标签及定义方法、一种基于神经网络的配变短期负荷预测模型、一种基于多元非线性回归的配变出口电压预测方法,实现配变运行状态的精确描述和未来1~7天异常状态的精准预测,为真正意义上实现主动检修提供参考。

(3) 创新配网主动检修工作机制。

结合大数据建模预测技术,实现对配变重过载、低电压等异常状态的精准预警,常态开展主动检修工作,可提前1~7天发现运行隐患,发起主动检修工单,同步分析、定位问题根源,安排检修人员提前处置,实现配变异动"防患于未然"。

四、项目成效

1. 应用效果

项目完成了合肥公司21000多个配变的运行特征分析、个性化标签定义和异常状态预警模型构建,并在合肥公司2017年上半年配网异常状态预警工作中得到应用,共精确预测重过载、低电压事件5627起(精确到事件发生的具体时间、具体配变),月度预测准确度在50%~70%,并呈逐月提升趋势。结合动态数据可视化技术以图形方式直观展示并预警,为特殊时段的配网运维管理、运行调控及供电服务工作的开展提供了有力支撑。

2. 效益分析

通过配网运行特征分析,可有效提升检修工作计划制定的效率和针对性,提升业务效率,管理效益显著;通过配网异常状态预警、辅助人员提前制定应急措施,可有效避免或减少配网停电事件发生,提高供电可靠性与质量,按全市配变总容量10762 MVA估算,每年减少停电时间1小时即可获得直接经济效益601.4万元。

3. 应用前景

在配网检修计划制定方面,可辅助业务人员更合理地分配检修工作资源,突出重点,增强检修效果,实现精益管理;在配网规划方面,可对各地配网规划投入实效进行综合分析,辅助发现配网建设薄弱环节,优化资金配比;在设备升级改造方面,可精确定位亟需改造的配变设备;在低电压治理方面,可结合多维关联分析精准定位各地低电压形成原因,提出解决措施建议,提升治理成效。

项目成员　张征凯　程道卫　孙　建　黄道友　凌　松　张淑娟　徐　飞
　　　　　　黄云龙　史　亮　周　坤　华召云　陈　峰　李　志　郭　振

智能运检篇

项目1
配网运维管控移动APP

国网安徽电科院

一、研究目的

随着互联网、移动通信技术的迅速发展以及移动智能终端的普及,移动互联正在深刻地影响着企业的管理模式、经营模式以及客户服务模式。国网公司总部、各网省相关单位在生产、营销、物资、财务、人资等业务领域开展了移动应用建设工作,加快推进公司移动互联总体建设,提升生产运营效率和优质服务水平。

目前,国网统推的PMS2.0系统内已建设了完备的配网运维管控模块,在实际生产过程中发挥了重要的作用,但仍存在一些缺陷,如需在内网环境登录、单一页面展现数据量庞杂等。随着国家电网公司移动应用建设相关规范和要求的逐步健全、信息系统移动化工作的逐步推行,配变异常管理业务移动化诉求逐渐加大,但目前仍未建设基于配网运维管理的移动应用,在公司层面急需一套统一的、与生产管理相匹配的配变异常管理移动应用来支撑现有的工作机制。

为了提升安徽省电力公司配网运维工作效率、管控水平和配网运行稳定性,满足不同单位层级岗位角色业务需求,根据国家电网公司移动应用建设相关规范和要求,安徽省电力公司运检部组织安排,开展了基于国网移动互联支撑平台的配变异常管理移动应用项目建设工作。

二、研究成果

配变异常管理移动应用是基于国家电网公司外网移动互联应用支撑平台的运检类移动应用,目标是提升配网运维工作效率和管控水平,满足不同单位层级岗位角色业务需求。项目建设内容如下:

（1）提供异常信息推送消息提醒及异常信息条目一览功能，实现配网中配变重过载、三相不平衡、电压异常等异常数据实时推送及提醒，使得班组人员能够及时获取配变运行异常数据并及时检修处理，提升运维工作效率，保障配网运行稳定。

（2）通过异常信息类型、异常发生时间等维度信息提供配网中配变重过载、三相不平衡、电压异常等异常数据和历史数据以及其明细数据的查询功能，包括组织机构、站线、运维班组、配变设备、异常数据等信息，及时全面掌握异常信息，具有便捷、实用等特点，提升工作效率及用户体验。

（3）通过对配变重过载、三相不平衡、电压异常三种类型异常数据及走势的统计分析，随时随地获取配变设备异常发生频次和移动报表，及时掌控配变设备运行趋势及稳定性，协助运维检修工作。

客户端运行界面及各模块功能如图5.1.1所示。

图5.1.1　客户端运行界面图

系统业务架构如图5.1.2所示。

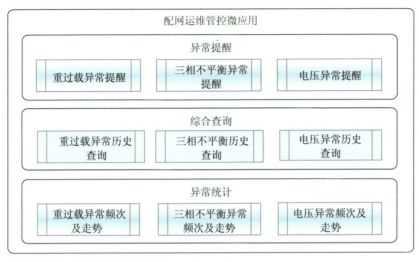

图5.1.2　系统业务架构图

系统应用架构主要划分为互联网移动端、信息外网应用服务、信息内网服务，共同实现内、外网业务和数据交互。如图5.1.3所示。

根据数据处理特性对数据进行分类，不同类别的数据在存储、计算、传输时对应不同的要求和技术实现手段。根据数据分类原则，系统数据划分如表5.1.1所示。

表5.1.1　系统数据分类

数据分类	数据实体	技术特性
元数据	组织机构	大多是规范性、标准性的数据，通常在系统初始化时一次性导入，一般以定时变动修改为主
	人员信息	
	配变设备信息	
	标准代码	
业务数据	异常信息	业务数据及业务管理产生的结果数据，对于数据的查询和存储要求较高
	异常提醒信息	
	异常统计数据	
管控数据	系统日志	是业务、数据交互操作记录信息

配变异常管控移动应用分为移动端微应用和微应用服务后台两部分，采用"厚云薄端"的建设思路，统一安全架构和公共服务逻辑，其中移动端微应用为HTML5框架，服务后台为B/S架构，系统技术框架图如图5.1.4所示。

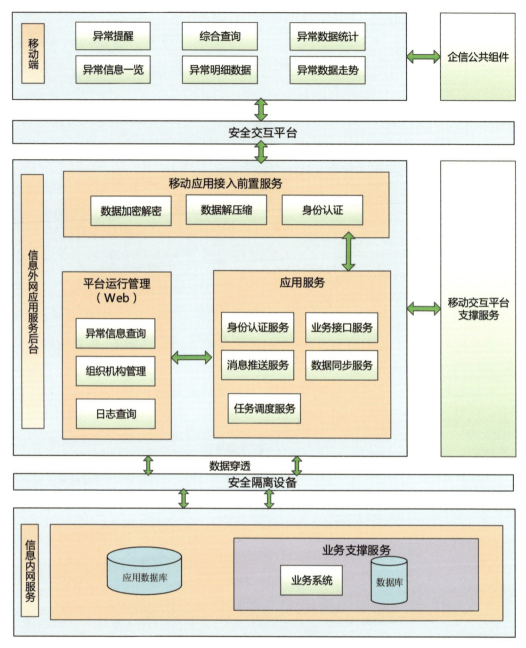

图5.1.3 系统应用架构图

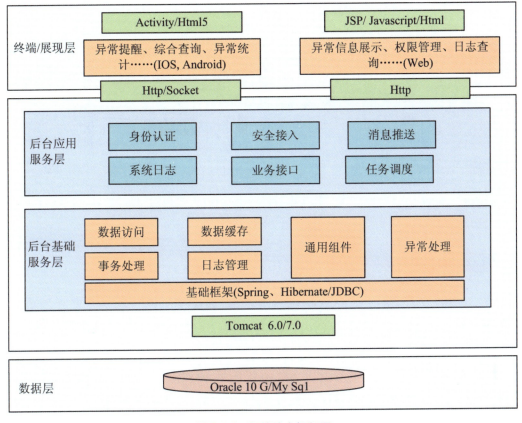

图5.1.4 系统技术框架图

配变异常管理移动应用逻辑上可以分成终端/展现层、后台应用服务层、后台基础服务层、数据层。

终端层主要包括移动端微应用、服务后台客户端框架。

后台应用服务层提供身份认证、消息推送、日志服务、业务服务接口、任务调度等服务,平台内部服务调用支持Webservice技术规格,平台为系统间集成提供Web Service支持。内部服务调用数据以JSON格式序列化。

后台基础服务层为业务服务后端逻辑处理提供各种服务化组件,主要为后台基础框架,依赖注入容器组件、持久化组件、异常处理组件、安全控制组件以及集成包组件等,能够满足上层移动业务开发所需的各项功能,提高开发效率。

数据层提供数据持久化、数据访问能力。

本系统拓扑结构主要包括应用服务器、数据库服务器和移动终端。应用服务器和数据库服务器采用公司集中部署模式,移动端智能手机通过互联网访问信息外网应用服务器。系统物理架构图如图5.1.5所示。

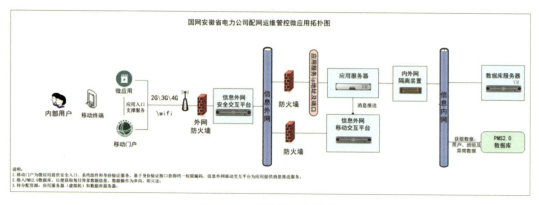

图 5.1.5　系统物理架构图

三、创新点

（1）将移动应用服务与 PMS 数据服务集成，系统架构结合移动互联支撑平台，实现全省各地市异常数据由信息内网向互联网环境的安全数据流向，并在移动端同步展现。

（2）基于国网移动互联支撑平台，系统前后端独立部署，提升了系统的可维护性；应用业务数据流向贯穿移动互联支撑平台数据交互安全通道，系统安全性能好。

（3）采用跨平台技术，应用多平台兼容运行。

（4）建立了完善的消息推送机制，通过任务调度算法，实现全网省各地市配变运维异常大批量数据每日定时推送提醒。

四、项目成效

配变异常管理移动应用研发实施的效益主要体现在以下几个方面：

1. 经济社会效益

配变异常管理移动应用的建设推进了公司移动互联应用建设，积累移动互联项目建设经验，提升公司的经营业绩，实现公司运营效益的提升，相较原来的信息传递和检修模式，时间减少 60%，生产效率大幅度提高，通过较少停电时间达到多供电量、有效降低用户投诉率的目的，对供电可靠性的贡献率达到 0.01 个百分点，具有很高的经济效益和社会效益。

2. 系统管理效益

配变异常管理移动应用的建设进一步提升了配变异常管理的响应速度，实时推送异常信息,使得配变异常管理更趋标准化、精细化、流程化、数字化,保证了公司资源和经营行为的可控性和能控性,极大地提升了公司整体管理效益。

3. 推广应用效果

目前正在各地市进行大力推广和宣贯,将应用与实际配网运维工作紧密结合,让用户切实感受到移动应用带来的工作便利与成效,可以有效提高应用使用频率,在有了一定数量用户基础后,基于用户的使用反馈,不断增进完善应用功能,加速升级换代,促进移动应用建设的良性循环发展。

4. 其他

移动端微应用通过互联网连接信息外网,穿透防火墙、安全接入平台后调用信息外网安全区的微应用后台服务,完成业务及数据交互;微应用的后台服务部署在信息外网安全区,数据库服务器部署在信息内网,后台应用服务和数据库之间通过隔离装置进行交互;PMS2.0数据库提供仅有连接、查询权限的数据库用户,应用服务通过任务调度定时连接PMS2.0数据库获取配变异常数据。

配变异常管理移动应用的安全重点是内、外网的数据安全交互(见图5.1.6)。移动应用安全方案与企信平台保持一致。移动应用运行于互联网环境中,通过外网安全交互平台接入到省公司信息外网,穿过平台移动接入网关的审核后,与部署于信息外网的微应用后台服务进行交互,后台服务通过安全隔离装置与信息内网的后台数据库、业务系统进行交互,完成数据访问过程。

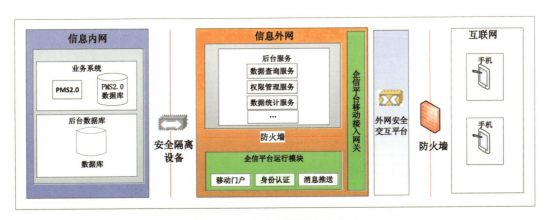

图5.1.6 内、外网数据安全交互

移动端安全性分析:

(1)外网移动交互平台安全认证。

配变异常管理运维微应用依托于外网移动交互平台,通过平台身份认证接口获取统一权限认证。在入口这一层由外网移动交互平台的安全防护和认证体系把控,确保接入用户的可靠性。

(2) 关键数据加密校验。

移动终端提交数据给服务器或从服务器获取数据时,对统一权限等敏感信息采用一定强度加密算法进行加密,防止数据被恶意篡改、删除或截取。

(3) 数据存储。

基于微应用和外网移动交互平台的设计架构,终端不会对数据进行存储。数据交换均在微应用的运行生命周期内发生,防止通过数据固化操作进行恶意攻击等。

(4) 身份信息二次验证。

在应用初始化阶段对通过移动交互平台的身份验证接口获取的统一权限凭证进行二次验证,对接PMS2.0用户系统,拒绝无关联人员的接入操作。

(5) 源码保护。

对源代码做丑化和压缩处理,防止恶意篡改源代码。

移动网络层安全措施:

(1) 网络通道防护。

应用防火墙安全策略:在网络防火墙上设置访问控制规则,仅允许访问指定服务器的指定端口。应用安全传输技术:对信息流进行加密。

(2) 网络边界防护。

安全接入:应用服务地址在移动互联支撑平台进行映射配置,通过唯一标识信息进行服务接入控制,杜绝针对应用服务的网络攻击。

访问控制:采用隔离网栅,通过IP映射关系接入内网,禁用其他非服务端的IP接入操作,防止来自其他IP的网络攻击。

本项目在安全性上符合安规要求,已经过实际应用,应用于现有电网运维检修体系安全可靠性很高。

| 项目成员 | 赵 成 张征凯 凌 松 裴 倩 吴少雷 冯 玉 史 亮 |

项目2
省地县一体化网损在线计算与分析系统

国网安徽电科院

一、研究目的

电网线损率是反映供电企业生产技术和经营管理水平的一项综合性技术经济指标。规范线损管理过程,准确统计真实线损,有效降低电网线损率,是提高供电企业经济社会效益的重要途径。

目前,传统的线损统计存在的主要问题包括:一是手工抄表得到的电量,由于抄表时间不同步等原因,导致线损统计结果存在较大误差;二是由于台账数据不完整、电网拓扑结构不清晰,导致线损统计结果错误。要准确掌握电网线损真实情况,唯有彻底摒弃手工抄录电量的原始方法,运用计算机监测技术自动采集供售电量,对电网线损进行信息化统计分析与管理,才能从根本上实现线损的准确统计。

根据安徽省电力公司线损四分管理工作要求,结合电网运行信息管理系统和采集系统的应用现状和发展实际,安徽省电力公司全面启动了"省地县一体化网损在线计算与分析系统"项目的研制。该项目结合相关上游信息化系统的建设和应用进展,实现各类基础数据管理系统与自动采集系统间的互通互联,深化和完善相关基础数据管理工作,建设省、市、县公司三级一体化的全网线损管理技术支持系统。

系统上线后将使各级管理者能够动态、准实时地掌握企业各级供用电量、线损状况,适应了线损管理日益精细化的要求,为提高电力公司的线损管理水平提供了有效技术保障,同时也减少了基础数据维护工作量,降低企业运行成本。

系统建设的主要目标包括:

(1)通过集成PMS、SG186营销、地调Scada、电能量采集、用电信息采集系统中各类基础台账数据和自动采集数据,对基础数据进行分析和有效管理,构建安徽电网基础数据管理平台。

（2）通过基础数据管理平台，实现省、市、县各类数据抽取服务管理；通过对源头系统的基础台账数据的诊断和异常分析以及系统间对照异常分析，提升基础数据质量，保障数据可用性，同时为安徽电力全网线损管理系统和地区级辅助决策系统提供各类基础数据。

（3）搭建一个稳定的、可扩展的省、市两级线损管理应用的基础架构，全面整合省、市、县三级全网线损管理应用功能。

（4）构建安徽电力全网线损管理系统地区级子站功能，以动态、同步的基础资料信息和自动采集数据为基础，保障供售电量的时间同步，实现市县级全面、透明和动态的分层、分压、分线和分台的四分线损计算与展示分析。

（5）构建安徽电力全网线损管理系统省公司主站功能，进行全网线损相关数据汇总与展示分析，同时进行各类相关基础数据指标和线损率指标考核评价，督促各级单位规范线损管理和相关基础数据管理。

二、研究成果

本项目开发了一个省市两级部署、省市县三级应用的全网线损计算与分析系统，并配合系统应用搭建了一个接口上游六大系统、包含主配网各电压等级的基础数据及自动采集电量的统一平台，如图5.2.1所示。

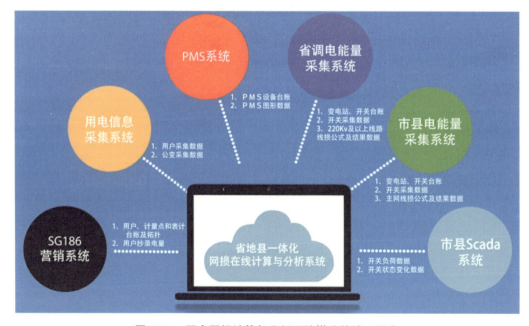

图5.2.1 配合网损计算与分析系统搭建的统一平台

项目通过了安徽省软件评测中心的测试，以及国网信通公司的科技查新，其成果包含国家级专利1项,EI核心期刊论文1篇,并在2014年获得了国网安徽省电力公司科技进步一等奖的荣誉,如图5.2.2所示。

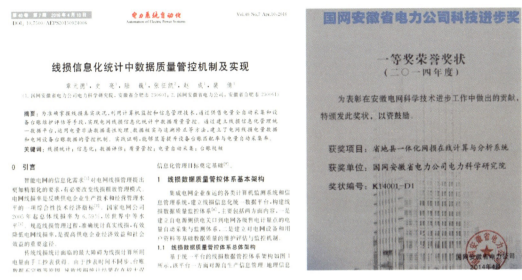

图5.2.2 项目获得的成果

三、创新点

(1) 建立了省级的全网基础数据模型,包含主配网台账和二维拓扑关系,并首创性地提供了上游系统间的台账匹配对照功能(该功能在前期营配调贯通工作推进中起到了重要作用),如图5.2.3所示。

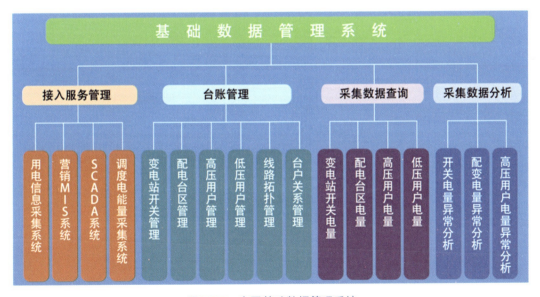

图5.2.3 全网基础数据管理系统

（2）整合了主配网自动采集电量数据,并提供了异常数据标记和修正功能。通过系统间自动采集电量和台账的匹配,提出了自动采集可用率指标的概念,如图5.2.4所示。

图5.2.4　全网线损分析系统

（3）根据系统实施情况,发布并执行了"电网基础数据维护规范"和"电网基础数据应用流程"（见图5.2.5）,制定各类设备命名规则,明确各系统之间各类设备的关联规则和关联参数,确定设备台账参数的维护标准,规范各类设备台账基础数据从录入系统到运维管理等各个环节等。明确了在基础数据维护和应用过程中各部门的职责范围,从源头上规避了数据不一致现象的发生。

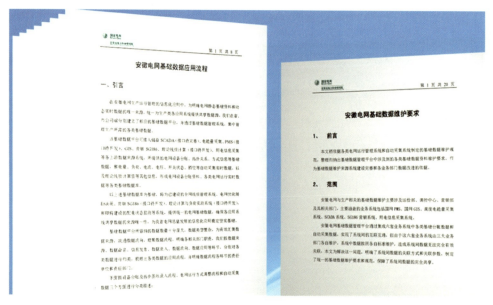

图5.2.5　发布并执行的文件

四、项目成效

1. 经济效益

（1）提高营配调贯通工作效率，降低人力成本。

系统通过整合上游六大系统台账信息，提供自动台账比较匹配功能，大大降低了营配调贯通工作的难度，节约了人力成本。以淮南供电公司为例，营配调贯通工作各部门需各安排2~3人进行长期配合工作，采用该系统后，各部门仅需各长期配备一人进行相关工作即可，年节约3~6人的工作时间，折合人力资源工资30万~60万元。全省16家市公司，至少可节约人工工资500万元。

（2）准确统计线损率，有效降低电网线损。

系统运行后，通过系统的准确计算可得到较为准确的统计线损率，并通过线损异常分析，有针对性地发现存在的技术线损和管理线损，从而有效降低综合线损率。2013年，采用该系统后，淮南、淮北、马鞍山三公司综合线损率分别较2012年下降0.2、0.32和0.06个百分点，分别节约线损电量1400万千瓦时、1280万千瓦时和630万千瓦时，共节约电量3310万千瓦时，折合电费约2000万元。

2015年该系统在全省推广使用。以安徽2012年全省完成1057亿千瓦时电量为基数，2012和2013年全省分别完成综合线损率8.55%和7.87%，一年可少损失电量7.18亿千瓦时。即系统推广到全省应用后，保守估计其中有五分之一为系统应用发挥的效用，也可减少损失约1.36亿千瓦时电量，至少增加收入7000万元。

（3）支撑线损精细化管理，改善公司线损管理现状。

系统的建设投运，可支持任意线路、台区组合构成的组合考核单元线损计算；通过分析管理考核单元的线损率，将线损指标逐级分解，实现主、配网线损准实时动态计算与分析，提高了线损统计的准确性和实时性，实现了线损的精细化和规范化管理。

2. 社会效益

（1）管理与技术双管齐下，实现节能减排的社会目标。

通过该系统的建设应用，地市公司可健全并完善线损管理制度和体制，形成统一规范、流程清晰、责任明确的线损管理局面。能够指导实际工作中的各低载或重载设备的合理使用，降低线损率，提高经济运行水平；同时加强供电侧管理，利用价格杠杆挖掘低谷用电潜力。以淮南、淮北、马鞍山三公司为例，2013年度实现节约电量3310万千瓦时，节约燃煤926万吨，从而实现节能减排、低碳环保的社会目标。

（2）通过系统建设，推动公司各项基础管理进步。

对该系统的使用，综合反映和推动了公司各类基础信息管理水平，建立透明共享的电网集成数据环境,大大增强了供电公司各专业工作的协同性。线损指标通过系统分解细化考核到部门、班组、个人,并形成制度约束、指标考核、动态数据比较的科学体系,促进台账管理、基础数据清理等工作常态开展。

(3) 提高供电可靠性,为社会提供更优质服务。

通过分析管理考核单元的线损率,可及时发现高损及过载设备,排除设备过载隐患,避免可能出现的故障停电,相应提高了供电可靠性,有效保障了社会广大电力用户的用电需求,对于促进社会安定,维护社会稳定,发挥着积极作用。

3. 推广应用效果

截至2015年6月,该系统已全面覆盖安徽电网16个市(含所属县)公司。该系统的投入应用,极大地促进了地市供电公司电网能量数据的完整性、准确性和一致性,对于提升基于电网能量数据的电网运行分析、线损分析等综合分析应用的实用性程度,帮助供电企业降低线损,保证电网的安全经济运行,提高电能质量,提升电网精细化管理水平,提高供电服务质量都有着重要的作用。

4. 其他

该项目符合安规要求,已经过实际运用,应用于现有电网运维检修体系安全可靠性很高。

项目成员 陆 巍　张征凯　吴少雷　史 亮　赵 成　裴 倩　冯 玉　张蔚翔

项目3
PMS设备台账数据分析小助手

国网亳州供电公司

一、研究目的

全面准确的PMS系统数据是营配调贯通、同期线损以及配网抢修等工作的重要基础,但系统内设备类型多、数量大,传统依靠人工方式对数据进行梳理、完善,需检查数十万个属性字段,核查周期长、工作量巨大,同时容易发生漏检、错检。为此急需一种自动化程度高、流程完备的PMS系统台账数据质量提升方法和工具,规范台账数据工作流程,快速、高效地发现问题数据,提升系统数据质量。

亳州供电公司针对PMS系统开展深化应用,以数据质量持续提升为目标,首次提出并研发PMS设备台账数据分析小助手,以有效解决数据核查效率低、核查不全面等问题。小助手工具可实现台账数据的自动采集、快速分析及实时推送。通过小助手的持续应用,提高了系统数据管理水平,改善了数据质量,全面提升了系统数据质量管理的自动化、信息化水平,为同期线损以及配网抢修等工作夯实了数据基础。

二、研究成果

PMS设备台账数据分析小助手以数据台账质量提升为目标,依据PDCA闭环管理思想,建立数据校验规则模型,实现设备台账的自动化采集与规则分析,帮助维护人员准确发现问题台账,提升台账整改效率;并通过台账质量的定期评估推进系统数据质量的持续提升。

1. 具体内容

(1) 落实管理主体,建立管理流程。

落实数据质量提升主体,实行分级负责、分级管理,将数据核查每个环节落实到人。各类人员角色及工作内容定义如图 5.3.1 所示。

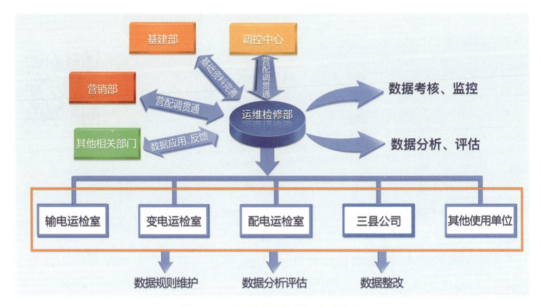

图 5.3.1　组织结构和责任人员分布

制定包括异常数据的发现、整理、评估、迭代的数据质量持续评估改进流程,实现闭环管理。

(2) 小助手工具研发。

为实现 PMS 台账数据的自动化分析与数据质量跟踪,以国网公司信息安全规范为基础编制自动化分析工具,实现规则的定义,台账的自动采集、自动分析及分析结果发布等功能,其功能结构图如图 5.3.2 所示。

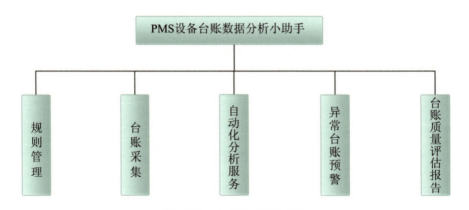

图 5.3.2　小助手功能结构图

为实现各类规则的自动化逻辑计算，小助手的技术结构采用C/S架构，由客户端实现各类规则的图形化定义及问题数据报表，由后台服务负责PMS系统台账的自动采集、规则的自动计算以及数据报表的生成。小助手技术结构图如图5.3.3所示。

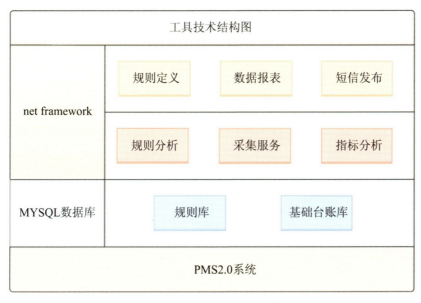

图5.3.3　小助手技术结构图

（3）小助手工具应用。

以小助手工具为支撑，市公司运检部专责定期维护核查规则并下发，并根据数据质量分析报告开展工作考核；各专业部室落实专人根据数据质量分析报告开展数据完善工作。小助手应用流程如图5.3.4所示。

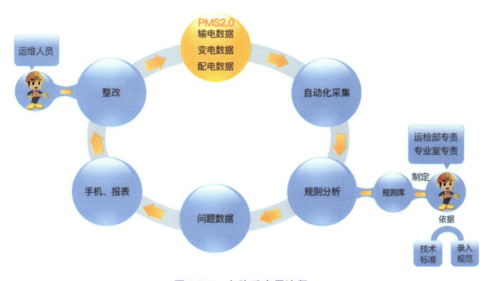

图5.3.4　小助手应用流程

小助手内维护了输电、变电、配电专业102类设备的台账检查规则,规则总数12062条,包括PMS系统定义的规范11978条以及安徽省电力公司PMS项目组于2015年陆续下发的84条规则。

2. 工作关键点及难点

(1)校验规则模型建立。

小助手对PMS台账字段间的内在关系进行建模,建立单个设备的台账校验模型、设备与设备间的台账校验模型。

单个设备校验包括单个字段的值校验和字段间的值校验,具体如下:

① 基本输入校验:校验字段是否为空,以及字段长度。

② 选择性输入校验:字段值来源于特定选择值,如主变电压等级限定为交流220 kV、交流110 kV、交流35 kV,不包括交流500 kV。

③ 特定格式校验:字段值符合特定格式规范,如变压器运行编号及设备名称须以"#"为第一个字符。

④ 计算性规则校验:字段值由其他字段值计算得到,如主变额定电流=额定容量/(电压等级×1.732),当实际值与计算值不一致时,判定台账异常。

⑤ 包含性规则校验:字段值包含其他字段值作为构成部分,如杆上变压器运行编号应包含主线名称。

⑥ 比较性规则校验:字段值间存在比较关系,如设备投运日期应晚于出厂日期。

小助手通过定义不同设备类型间的校验模型实现台账字段的全面复核,进一步提升检查效果。

① 定义电网设备类型间的层级关系图,并确定层级关系在PMS间字段中的定义,形成字段校验规则。如10 kV出线在物理上由多段导线连接形成,在台账逻辑上表现为导线台账内的字段"主线名称"应来自于对应的10 kV出线名称。

② 在数据质量分析过程中不断制定特殊校验规则对台账进行核查。如电缆中的字段"中间接头数"数值应等于电缆终端头设备中属于该电缆段下的设备台账记录数。

(2)基于先验知识的台账内容分析。

为挖掘不同设备之间的关联性,充分利用大数据分析方法,通过头脑风暴积累基于台账内容的先验知识,对台账进行持续分析。

① 来自于同一厂家、型号的同类型设备,在其他物理参数上应具有一致性。利用该先验知识,以厂家、型号为分类条件,对设备的其他物理属性进行分类,并针对出现概率较小的属性值进行预警。

② 当电缆中间接头台账和电缆的接线头数量没有正确维护时,较难发现问题。

通过对电缆长度和电缆中间接头数间的关系进行学习,获取两者间的可信对应关系,作为后续台账排查的依据。

三、创新点

小助手工具综合应用信息化技术、大数据分析技术,实现了PMS2.0系统台账数据的自动化核查与可视化展示,提升了数据整改效率。

(1)实现了对台账数据由传统人工核查向自动化核查的跨越,极大地提高了数据核查、整改的工作效率,大大降低了数据运维人员的工作强度。

(2)基于数据规则的模型化,实现台账数据的自动化核查。在全面分析PMS2.0设备台账字段校验规则基础上,建立选择性规则、计算性规则、设备类型之间的层级关系校验规则等计算模型,并利用正则表达式、表达式计算及K-MEAN聚类算法实现模型计算、结果判别,实现了规则的自动化核查。

(3)实现了知识经验的积累、共享,提升了运维人员对各类异常数据早发现、早处理的能力。

(4)通过短信、邮件等多种方式多渠道发布数据报告,将问题数据实时推送给责任人,做到对问题数据整改的及时督促、跟踪,促进实现问题数据全程跟踪、闭环管理。

(5)通过数据质量报告跟踪整改情况的图形化展示,实现了对数据问题整改工作量的量化管理及工作进度的"可视化"管理。

四、项目成效

2016年,通过PMS2.0系统设备台账数据质量分析小助手的应用,亳州供电公司运维检修部进一步完善了数据质量管理流程和日常基础业务管理制度,实现了PMS系统数据质量管理的制度化、规范化、标准化和精细化。

1. 经济效益

采用PMS设备台账数据分析小助手后,简化了作业流程,减轻了劳动强度,提高了经济效益。根据实际使用情况,人工核查10000条数据需要1人工作4天时间,使用核查小助手只需要120秒就能准确分析出异常数据。小助手的使用大大节约了人力成本。

2. 社会效益

PMS设备台账数据分析小助手的成功研制,从根本上革新了传统工作方法,缩短了数据核查时间,提高了数据更新的及时性。准确可靠的数据提高了停电信息发布的准确性,提升了配网抢修决策效率,为公司用电服务水平的提升夯实了数据基础。

3. 安全效益

随着小助手工具在亳州供电公司的持续应用,系统数据质量不断提升,有利于掌握设备的真实信息,为设备状态评价、技改大修决策等工作提供决策依据,更有助于提升设备检修等生产工作的准确性、安全性。

4. 推广应用效果

通过不断实践和改进,亳州供电公司运维检修部编制完成、完善了数据定义和管理流程,并通过PMS设备台账数据分析小助手建设实现了数据质量的标准化、规范化,建立了统一的考核机制,实现了数据质量的集中监控,为日常数据完善工作提供了快速、方便、规范的流程。同时,实现了知识经验的积累和共享,缓解了运维检修部人力资源短缺的实际困难,为推行PMS系统专业深化应用、考核提供了有益经验。

积极推广以数据质量持续提升为目的的PMS系统设备台账数据分析小助手,对供电企业数据标准化工作有巨大的推广使用价值。

5. 其他

PMS2.0系统设备台账数据分析小助手获得软件著作权1项,受理发明专利1项;获得安徽省电力公司2015年优秀QC成果一等奖。

项目成员　李德超　樊承鹏　张玉环　张春龙　曲洪春　吴义方　赵尧　闫帅　刘邦　朱静

项目 4
用于(超)特高压变电运检工作中的三维全景感知技术

国网安徽检修公司

一、研究目的

"十二五"以来,安徽电网主网进入快速发展时期,目前已形成2座1000 kV特高压变电站和26座500 kV变电站的电网格局,"无人值守,集中检修,运维一体化"的局面正逐步形成。变电站内电气设备众多,系统繁杂,产生海量的多维异构数据,给各级运维管理工作带来了挑战,具体表现在:

(1)"无人值守"模式下,运维站迫切需要对受控站宏观信息进行全局实时掌控,全面掌控生产、运检、巡检机器人、缺陷、高清视频等各类实时及历史信息。

(2)"非核心业务外委""集中停电检修"成为发展趋势,杜绝作业人员误入带电间隔、大型机具误碰带电设备仍是现场安全管控的重点,提升大型作业及外委人员现场作业的本质安全迫在眉睫。

(3)电网在不断发展,新技术新设备不断增加,各级生产人员需要对新技术新设备的原理、结构等熟练掌握,以达到精心监控、精准检修、精益运维的目标。

针对上述问题,省检修公司结合物联网和移动互联技术理念,通过三维实景呈现方案开展了相关研究工作。

二、研究成果

本项目结合物联网和移动互联技术理念,通过三维激光扫描,获取变电站内(包括设备、建筑等在内)全部精确空间坐标的点云信息,形成变电站可视化效果理想的三维实景呈现方案。如图5.4.1、图5.4.2所示。

图5.4.1　激光点云扫描　　　　　　　　图5.4.2　三维实景建筑

本项目创新成果突出,主要体现在:

(1) 利用精确三维实景复刻技术实现了对变电站的精确克隆(见图5.4.3、图5.4.4),无缝融合变电站地理信息、电网预警信息、SCADA数据、在线监测系统数据、视频图像、设备台账数据、机器人巡检系统等电力系统海量数据,在三维实景上进行直观展示,利用平台大数据处理能力,为故障处理和状态检修提供决策辅助;具备对视频图像系统和机器人巡检系统实时操控及跨系统联动功能,可实现设备异常状态视频监控和机器人零秒响应(见图5.4.5、图5.4.6),自动计算并推送可监控该设备的摄像机画面,并立即发送机器人对该设备的巡检任务,实现视频监控"指哪看哪"、机器人"指哪到哪"、故障异常"快速联动,精准定位"等效果。

图5.4.3　变电站全景信息展示　　　　　　图5.4.4　设备实时数据展示

图5.4.5　视频监控自动推送异常设备所有画面　　图5.4.6　机器人系统实时掌控

（2）通过基于三维全景模型的高精度人员定位、大型机具激光扫描、大型检修作业推演等技术建立智能安全管控系统。通过基站＋移动站结合的移动定位技术，将高精度定位装置置于安全帽上（见图5.4.7），可满足厘米级的高精度定位，实现误入带电间隔、安全距离不足、误入其他作业区等告警；支持基于三维实景的检修推演（见图5.4.8），包括吊车作业、设备吊放、空间测距等功能，通过项目配备的激光雷达和高速球机对大型机具不满足安全距离及超速移动进行实时告警（见图5.4.9、图5.4.10）。

图5.4.7　人员高精度定位安全帽

图5.4.8　大型检修作业推演

图5.4.9　人员移动及轨迹回放

图5.4.10　大型机具作业安全管控

（3）基于三维全景模型实现的二次回路可视化（见图5.4.11），可快速查看二次回路走向及端子接线图，便于运维人员快速掌握二次回路原理，拓宽运维技能培训手段。

图5.4.11　二次回路可视化

三、创新点

本项目基于物联网和移动互联理念,以三维全景感知技术为基础,创新性地跨系统融合多维系统数据,克服了多系统信息孤岛的难题,主要有如下创新点:

(1)实现了物联网和移动互联理念、技术在变电站场景下的实用化,依托该平台进行的多系统数据融合与联动,增强了运维人员对变电站现场设备的远程综合感知和管控能力。特别是无人值守模式下,可在运维站快速、实时查看受控站的物理全貌及运行状态,全景可视化运行监控数据,实时实施视频监控和巡检机器人的远程调控,提升应急响应速度,在远方具备视频监控"指哪看哪"、机器人"指哪到哪"、故障异常"快速联动,精准定位"等创新效果。

(2)基于三维全景模型的高精度人员定位、大型机具激光扫描、大型检修作业推演等技术建立了智能安全管控系统。对现场运检作业人员及大型机具等不安全因素的移动范围进行了限定,可实现误入带电间隔、误碰带电设备的早期预警。

(3)基于三维全景模型开发二次回路可视化系统,将设备二次回路直观展示出来,对二次回路走向、端子接线等细节进行可视化处理,助力开展各类人员现场设备原理及接线培训,快速提高人员技能水平。

四、项目成效

本项目自实施以来,对运维工作提质增效、故障异常快速定位、大型机具现场作业安全管控以及人员培训成效显著,具体表现在:

(1)该平台逐步应用以来,公司快速高效地发现并处置了多起设备异常,无人值守变电站异常响应及处置时间大大缩短,特别是圆满完成2016年"三大直流"满负荷运行期间和G20杭州峰会期间安徽电网的运维保电任务,获得了国家电网公司的充分肯定。

(2)公司充分发挥平台的应用,顺利完成2016年秋检及2017年春检各项操作及检修任务,牢牢守住了安全底线。各作业现场未发生被上级通报的违章事件,被省公司评为"四星级"作业现场4处,位居全省前列。

(3)通过本项目直观、沉浸式的二次回路查看与培训,运维人员技能水平整体显著提高,公司荣获2016年"安康杯"劳动竞赛优胜单位、全国检修公司标杆单位等荣誉称号。

项目成员 汪 运　章海斌　熊泽群　沈 风　张 宁　焦 坤　魏岩岩
蔡科伟　刘 巍　顾新行　魏治成　李长旭　何春光　邹 洋
臧春华

项目 5
便携式配电站智能巡检机器人

国网芜湖供电公司

一、研究目的

配电站房内设备的安全和稳定运行,是整个电力系统安全至关重要的一部分,同时配电站房处在服务用户的最后一个环节,其供电是否安全可靠将直接影响人们的正常生活和生产。目前配电站设备检修以"计划检修"为主,单纯依靠运检人员携带检测设备到现场进行巡检,这种方式存在人员劳动强度大、巡检质量和次数无法保证、检测过程可追溯性差等缺点。以在线监测为代表的"智能配电站"内安装着大量的固定式传感器和仪器,站室布线繁多,在一定程度上增加了公司的综合运营成本和管理难度。

随着电力设备检测技术的不断进步和检测设备的不断提高,近年来出现了一些针对电力设备状态的检修技术,主要采用在电力设备上加装一些在线监测设备,通过检测电力设备的一些故障特征,判断电气设备是否发生故障、故障程度、故障位置及故障类型。由于电气设备故障后反应是综合的,通常在线监测只能针对某一项状态进行监测,不能综合反映设备真实情况。

为了改善电力设备目前巡检方式的不足,本项目提出"便携式配电站智能巡检机器人"的研制,拟在巡检中提供一种便捷、方便、可靠的方式。

二、研究成果

国网安徽省电力公司南陵县供电公司组织一线骨干力量对现有配电房的故障进行统计,并调研了目前机器人在配电站内巡检的应用情况,充分考虑投资收益比,与中国科学技术大学共同开发了一套便携式配电站智能巡检机器人系统(见

图5.5.1)。这套系统可解决现有人工巡检的不足以及挂轨式巡检机器人的局限性,让配电房的巡检变得简单。

该套系统的组成介绍如下:

便携式配电站智能巡检机器人通过融合多种智能化传感器,并基于移动传感器搭载平台、移动通信技术、视觉分析系统与后端管理分析软件体系等多个子系统构成,可以完成站内仪器仪表、信号灯、转换开关、噪音等多种设备和环境的实地数据采集和分析。

图5.5.1 便携式配电站智能巡检机器人

电力巡检机器人系统包括运动控制系统、数据采集系统、数据分析系统、网络传输系统和后台管理等几个部分。

运动系统主要是通过遥控设定巡检路线,精确定位机器人运动到对应配电房内待检测柜体的可检测区域,拾取柜体的运行状态信息。

数据采集系统主要是机器人主机内分布在不同位置的多个同类或不同类传感器,其系统内部通过主控制板对传感器所提供的局部数据资源加以综合,采用计算机技术对其进行分析,消除多传感器信息之间可能存在的冗余和矛盾,获得被测对象的一致性解释与描述,从而提高系统决策、规划、反应的快速性和正确性,使系统获得更充分的信息。

智能巡检装置通过传感器拾取到各类数据信号后,将传感器原始数据传送给数据分析系统,数据分析系统通过特征数据参量分析和专家库比对多种方式对配电站房的工作状态、安全特性进行综合分析。

网络传输系统主要分为两块,巡检机器人系统内部传输网络采用安全性较高的无线专网作为数据传输媒介,智能巡检体系与后台控制系统传输网络采用电力专用光纤通信网络构建高速、可靠、安全的巡检光通信专网。

后台管理完成巡检任务调度及控制。

系统通过操作员或者调度员配置，可实现全自动轮询、定点巡视、故障检查等多种工作模式作业；巡检结果按照指定格式存入数据库，方便用户调阅。

巡检机器人通过一个自主运行的机动平台，搭载工业摄像机、红外热成像仪、局部放电等精密仪器，采用例巡和特巡的方式，对站内设备和环境进行全方位、全天候的监控，有智能视觉识别和视频功能，可对配电柜表面仪表和开关等状态进行有效核对识别，并通过网络将数据回传到配电站监控后台。

三、创新点

便携式配电站智能巡检机器人集成了最新的机电一体化和信息化技术，采用自主遥控方式，替代人对配电房进行检测，对巡检数据进行对比和趋势分析，及时发现开关柜运行的事故隐患和故障先兆，提高了配电房的数字化程度和全方位监控的自动化水平，确保设备安全可靠运行，提升高压智能巡检管理水平，提高巡检过程的可控性，促进了配电网智能检测技术的发展。电力巡检机器人应用以来大大减少了人力巡检，同时通过集成的高端传感器对配电站设备完成全面检测，通过数据分析和阈值报警，能够提前发现设备隐患，提高作业效率，保障供电可靠性。其中有如下创新点：

（1）巡检设备轻便化。相比于变电站巡检机器人的笨重（约80 kg），它小巧轻便，大小为46 cm×36 cm×46 cm（长×宽×高），净重约20 kg，且配备履带式行走机构，增加了巡检机器人的通过性。相比于挂轨式巡检机器人，它不需要在配电房内架设轨道，不局限于单一配电房的巡检，可普遍应用到其他站房内。如图5.5.2所示。

图5.5.2　巡检机器人小巧轻便

（2）检测功能集成化。与传统运维需要检修人员配备各种零碎的检测仪器相比，机器人融合多种高精度传感器于一体（视觉识别、红外、局部放电以及环境监测传感器），可完成配电室内全方位的巡检。与人工巡检需要手动记录巡检结果相比，机器人巡检数据具有高可靠性，同时采用了无纸化的传输，便利性显著提高。

（3）设备巡检自动化。每个配电房都可预先设定巡检任务，机器人可识别配电房的固有ID，对应执行当前配电房的检测任务，全过程自动化，无需人员干预。

（4）数据分析智能化。机器人智能识别配电设备各种仪表的状态，通过算法，反馈具体数字化的数值（包括指针表、数显表等），运维人员能够非常直观地看到现场设备的运行状态。机器人系统可对配电房内设备的多传感数据进行分析处理，建立趋势以及横纵向分析对比曲线，对数据趋势恶劣的设备运行状态提出预警，提醒运维人员及早检修。

四、项目成效

1. 经济性方面

（1）便携式配电站智能巡检机器人能专门服务于一个配电站房，也可应用于多个开闭所内，实现"一机多站"，节约巡检投资成本，经济效益和社会效益显著。

（2）相对采用安装多种传感器的配电站，无需大量布线，实现相同功能安装成本降低50%的同时，还减少了大量二次设备带来的维护费用，每个站房能节约设备维护成本0.5万元/年，公司每年能节约成本近50万元。

（3）集成多种仪器，巡检数据结果自动入库，与传统的人工带电检测相比，公司每年能节省设备检测费用300万元以上。

（4）智能分析数据，针对可能发生的设备故障，提醒设备主人提前处理，预计可减少电量损失约85万元/年，经济效益和社会效益提升明显。

2. 安全性方面

（1）机器人按照预设路径完成巡检，配备超声防碰撞系统，保证了机器人的安全，同时，运维人员无需直接接触高压带电设备，保障了员工人身安全。

（2）机器人按照预设路径巡检，减少了人员检测过程中误碰误操作设备的可能性。

（3）机器人提前预警，运维人员可根据设备状态有针对性地开展检修工作，降低了停电风险，提升了供电可靠性。

3. 实用性方面

（1）采用友好的人机操作界面，能够及时完成站内的全面巡检，不干预电力设备的运行,保证了其运行的可靠性,同时对站内检测数据进行智能分析并相应告警。

（2）实现了主站系统对站房数据的统一管理,在运维管理中心可以即时查看配电站室内设备运行状况,还可调取过去某个时间间隔或某个时间点的运行状态。

4. 推广应用效果

目前该机器人应用于南陵县公司多个试点配电站房内,可完成对配电房内配电设备工作状态的识别、局放水平的检测以及配电房内环境参数的监测。该机器人能专门服务于一个配电站房,也可应用于多个开闭所内,实现"一机多站",节约巡检投资成本,经济效益和社会效益显著。

巡检机器人将电气设备巡检模式由定期巡检转变为状态检修,故障处理模式由故障后处理向故障前预防转变,具有非常广阔的应用前景。

项目成员　凌　松　李亚方　杨春波　张会兵　俞　飞　腾　云　方　文　戚振彪　韩　津　徐　飞　张文烨　王军杰　乔莉沐　丁慧萍　宛良春

项目6
变电设备状态管控掌上通

国网安徽检修公司

一、研究目的

根据国网公司"三集五大"体系建设要求,变电站运维模式逐渐向无人值守/少人值守过渡,变电站运维人员数量逐步减少。另一方面,随着运检一体化、管理精益化等多项工作的进一步推进,运维人员需要承担更多的工作任务;此外目前正在推行的变电五通管理规范,也对当前变电运维工作过程管理的质量和痕迹有标准化、规范化的要求,变电站设备运维管理遇到新的挑战。

目前,设备运维数据信息的收集、核对和处理是超特高压站变电运维的关键,一方面运维人员需使用巡视记录卡抄录设备运行数据,然后再次将巡视数据录入PMS2.0系统、管理月报中,此处PMS2.0系统中变电设备台账信息和现场设备铭牌信息空间上的距离是设备资产信息核查的难点;另一方面目前超特高压变电站内,巡检机器人、在线监测装置、带电检测数据以及日常运维数据抄录终端等数据源的融合共享及联动功能不完善,造成运维数据利用率不高,不能有效支持运维人员对超特高压设备进行准确、高效的状态诊断评价。

我们依托国网公司移动互联业务平台及生产管理系统,开发了基于移动互联网技术的国网移动门户外网应用程序——变电设备状态管控掌上通,实现现场随时调阅设备相关数据、录入当前设备状态数据、自动形成报表,大幅减轻了运维人员工作量;整合站内相关数据源,深化应用数据挖掘和智能分析技术,提高运维数据利用效率,做强设备状态诊断评价。创新变电智能运检管理模式,构建高效便捷的设备主人制体系,实现了外网程序与生产管理系统互联互通的变电设备运检业务智能化、移动化管理。

二、研究成果

变电设备状态管控掌上通搭载于国网移动门户应用商城,用户可自行下载并安装于移动终端,具体如图5.6.1~图5.6.3所示。

图5.6.1　国网移动门户

图5.6.2　掌上通登录界面

图5.6.3　掌上通主页

管理端设置用户信息,与信息内网一致方可登录。不同用户设置不同权限,可分为设备主人(运维人员)、管理人员、班组长、检修人员、其他系统内用户。借助该系统,可实现设备分类查看及统计,设备台账信息、资产信息查看及一致性验证,还可以通过扫描设备二维码实时了解设备运维管理情况,设备主人管辖设备查看,对设备运行进行趋势监测,提供设备诊断评价、消息通知、消息闭环处理等,实现设备运行状态分析、运维数据移动安全共享。具体内容如下:

(1)信息互通——资产管理三位一体。

每个设备生成一个二维码,同时对二维码进行加密处理。对生成的二维码进行图片化存储管理,后续进行二维码的打印,张贴到相应变电设备上。只需通过该系统扫一扫,即可获取当前设备台账信息、资产卡片信息、设备主人、设备详情、设备运检信息、运行分析等详细数据,如图5.6.4、图5.6.5所示。系统可将设备台账信息、资产信息同窗口展示,与设备铭牌信息核对,三位一体,满足设备全寿命周期管理的要求,确保账卡物信息实时一致,如图5.6.6~图5.6.8所示。

图 5.6.4 扫一扫入口　　　　　图 5.6.5 含有二维码的设备标示牌

图 5.6.6 查看设备台账　　图 5.6.7 查看资产卡片　　图 5.6.8 一致性检测

（2）融合决策——设备管控可靠智能。

通过掌上通可调用变电站巡检机器人、在线监测系统、带电检测、运行巡视数据、保护信息参量以及查询缺陷故障参数等电子资料并进行整合梳理，分门别类。根据设备状态信息的更新频率，可以将上述不同来源的状态信息划分为静态参数、动态参数和准动态参数，而不需要用户自行编辑整理。如图 5.6.9 所示。

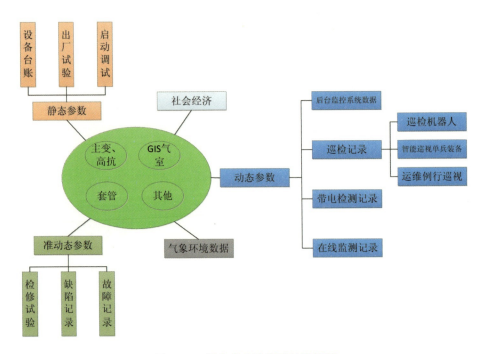

图 5.6.9　设备状态诊断系统数据源

且用户可就地填写设备巡视、缺陷记录等,由系统进行分析计算,产生设备运行趋势曲线,发现异常及时告警,实现设备运维管理移动化、便捷化、智能化。如图 5.6.10～图 5.6.15 所示。

图 5.6.10　巡视记录、登记　　　图 5.6.11　缺陷记录、登记　　　图 5.6.12　消息下发

图5.6.13 开关压力变化曲线　　图5.6.14 避雷器动作次数变化曲线　　图5.6.15 主变油色谱曲线

（3）一码所有——运维在线闭环管控

扫描现场设备二维码进入录入界面，即可进行日常运维数据的痕迹化录入；进入展示界面，既可直观了解从设备责任区划分到设备主人工作开展，再到设备主人工作排名等信息，又能通过曲线、直方图等简洁明了的方式查阅设备运行状况，辅助进行现场分析判断。

图5.6.16是该系统的录入界面，扫描粘贴于设备表面的嵌入式二维码，即可进入录入界面，可实现日常运维数据的痕迹化录入，确保数据抄录责任可追溯，做实设备基础数据录入。图5.6.17是该系统的诊断展示界面，可用曲线、直方图等简洁明了的方式展示设备运行状况，做优设备运维数据利用。

图5.6.16 运维数据录入界面

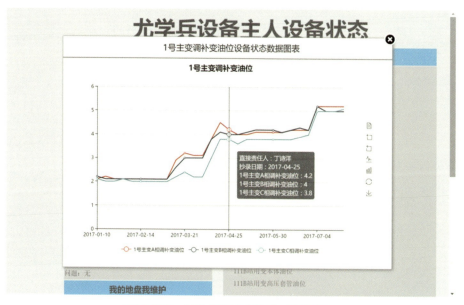

图5.6.17　设备运行状态展示、诊断界面

三、创新点

（1）移动抄录：通过移动终端痕迹化录入日常运维数据，使时间、空间得以高效利用，提升运维工作效率。

（2）融合决策：通过多数据源融合共享的运维小助手，可实现设备状态趋势告警以及智能诊断，辅助运维人员判断设备运行状态。

（3）一码全有：二维码与标示牌一体化制作，可作为设备主人信息入口，形成设备主人制实现新方法。

基于该系统的探索研究，我们已获得2项实用新型专利授权，发表了2篇论文，还有2项发明专利已经受理。

四、项目成效

运维人员巡视时，可利用智能终端随时调阅设备历史数据、采集当前设备状态数据和图片、自动生成报表和分析报告，实现"现场比对出结果，一键传输出报告"的效果；结合"日比对、周分析、月总结"的要求，需要填报大量记录，生成变电站管理月报，通过变电设备状态管控掌上通，管理月报数据可自动获取，手动填报数据量减少70%，大幅度减轻了运维人员的工作量。

通过多数据源的融合共享，深化应用数据挖掘和智能分析技术，进行设备状态综合诊断评价，为设备主人提供设备运维依据，提前发现设备隐患，大幅降低设备故障发生率,提高特高压设备可用系数,体现了安徽检修公司"做实基础数据录入,做优运维数据利用,做强设备状态监测"的设备运维管理思路。

目前该智能终端已在安徽省电力公司检修公司进行大力推广和宣贯。将应用与实际超特高压电网运维工作紧密结合,让运检人员切实感受到移动应用带来的工作便利与成效,可以有效提高应用使用频率,在有了一定数量用户基础后,基于用户的使用反馈,我们将不断增进完善应用功能,加速迭代,促进移动应用建设的良性循环发展。

项目成员	焦 坤	李世民	张征凯	章海斌	熊泽群	卞 楠	黄道友
	柯艳国	郑晓琼	王雄奇	阳红剑	顾新行	魏治成	刘 巍
	刘 翔						

项目7
一种智能变电站保护运行信息可视化诊断技术

国网铜陵供电公司

一、研究目的

智能变电站及 DL/T860 协议（即 IEC61850）的引入大幅度地简化了变电站的二次设备及接线，完成了从传统的直连直跳信号连接到网络化及信令化的转变。传统的保护、记录、监视及分析等功能在智能变电站中由不同的智能二次设备（IED）完成，多个智能二次设备通过网络互相传递信令，共同完成对整个系统的保护监控。智能变电站的引入，给传统的变电站技术带来了很多技术上的突破，同时信息的数字化也给系统分析监控提出了一些新的课题。随着智能变电站信息的网络化及信令化，传统的连接、端子变得虚拟化，现有的报文记录类产品和方案缺乏将智能变电站中通信使用的 SV/GOOSE 报文用高可视化的方式进行展现的手段，一般的报文记录及分析手段也无法把通过信令表达的一些控制指令、关键事件，通过高可视化的方法进行动态展现，从而给技术人员，尤其是具有传统变电站经验背景的技术人员带来很多理解、操作、故障分析定位等方面的困难。

本项目研究了变电站 SCD 文件的快速解析的方法，同时能将智能变电站中发生的重要事件以高可视化的方法动态展现，可以帮助变电站运行及维护人员迅速找出通信或控制信号中的故障和隐患，对一、二次系统的操作及事件进行快速可靠的分析，从而大幅度提高现场调试效率及运维水平。

二、研究成果

国网铜陵供电公司变电二次专业创新团队，利用高性能的智能终端研究和开发了一套符合IEC61850标准的智能变电站可视化诊断分析系统,能够提供实时全景数据的智能监测、数据智能挖掘与分析以及高度可视化的展示方法。该技术可针对智能化变电站的全景数据进行实时的链路层和网络层通信数据的无损和无干扰监听与分析,IEC61850协议高速解码以及基于IEC61850 SCL模型的对象化数据分类、存储、关联搜索和数据挖掘,并提供高可视化的网络实时状态监控与IEC61850报文联动分析。

该工具以高可视化方式展示站内实时数据集变位信息,对系统信息进行准确解读、显示,对系统隐患提供预警,对系统发生的网络故障进行智能分析,从而可极大地提高智能化变电站的运行、维护能力,排除系统隐患,大幅度提高供电可靠性。本项目研究主要解决了以下三个技术关键点和难点:

(1)高性能的数据处理硬件平台。

研究具有实时监听和捕获百兆级别链路层通信数据能力的软硬件相结合的系统体系架构,从而确保系统具备处理智能变电站全景数据的计算能力。采用一种实时信息分流技术,将进入系统的数据包在操作系统的内核层进行快速数据分流,充分利用现代多CPU处理技术对信息流进行并行处理,实现所要求的信息处理能力。在深入了解的基础上,提炼对硬件设备的详细需求,从而为今后设计实现专用的IEC61850信息高速捕获网卡提供依据。本研究采用FPGA"零拷贝"技术,将内核数据直接映射到用户控件,减少了内核数据的拷贝,同时结合智能变电站数据的特点对数据在内核进行预分组,确保系统具有单机处理百兆数据的能力。如图5.7.1所示。

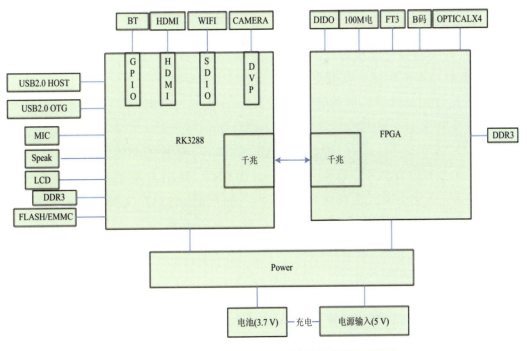

图5.7.1 基于FPGA与ARM的高性能数据处理平台

（2）基于SCD模型的数据分析方法。

利用JAXB从SCD中将与信息流有关的逻辑设备、逻辑节点、数据对象、数据属性参数为代表的IEC61850模型抽取出来，并基于此建立系统内部的高性能数据索引和关联机制。本项目通过VTD解析SCD文件，并将解析的所有内容存储到临时的内存数据库中，再把解析后的元素根据类别存放到不同的表结构中，作为分析用的基础数据。

（3）智能站SV/GOOSE报文深度分析。

为实现SV/GOOSE报文深度分析，本项目需要解决海量数据快速对象化分类、关联、存储和分析的算法实现以及数据的存储及索引机制。

① 系统内核开发。

基于改进的Linux内核，通过内存共享，实现内核与用户空间直接共享数据，避免了内核与用户空间的来回切换。同时针对变电站SV、GOOSE、MMS报文的类型在内核中提前对数据进行预处理，实现单机实时监听和捕获百兆级别链路层通信数据。其实现步骤如下：a. 修改网卡驱动。不同类型的网卡，其启动读取数据的方式及时间都不相同，针对不同的驱动，修改网卡驱动，使其获得完整的数据包。b. 创建共享内存。不同的应用程序根据需要可以创建不同的共享内存，根据报文的类型，筛选出所有满足该类型的共享内存，并将该报文写入这些共享内存。c. 从共享内存中获取数据，进行分析。在创建了共享内存后，通过Linux内核里的poll机制，可以及时通知用户进程有数据产生，减少空间切换的开销，通过该机制，上层应用无需频繁地检测共享内存是否有数据可读。这对SV报文尤为重要，因为SV处理要求的实时性极高，检测间隔长了，就容易造成共享内存堆压太多报文，导致共享内存满，后续的报文无法写入共享内存而丢弃；检测间隔短了，则会造成CPU资源紧张，上层分析模块没有资源可用。

② 数据存储及索引机制的研究。

根据智能变电站数据量大的特点，结合Linux系统的I/O存储机制，采用Direct I/O与Asynchronous I/O即DIO＋AIO的方式，对智能站海量数据进行高速存储。Direct I/O方式下，数据执行write操作后，经用户地址空间缓冲区直接传输到磁盘，完全不需要页缓冲区的支持。文件操作时指定文件操作模式为DIO模式。对DIO模式数据操作结果，以AIO模式向操作系统发送请求，以减少系统I/O操作次数及磁盘碎片的产生，降低文件写入所带来的CPU及内存使用，提高磁盘写入速率。

索引机制的研究方面，结合智能变电站数据的特点，对Level-DB进行封装，使用Level-DB对存储数据建立索引。Level-DB基于文件的K-V键值库，采用Hash实现，访问时间不受存储数据大小的影响；建立适合数字化变电站数据的Key及比较算法，在原来的基础上对插入记录、查询记录、删除记录、迭代满足条件的记录等操作进行封装，实现对海量存储数据的快速访问。

项目获3项专利，其中1项发明专利；发表期刊论文1篇；研制了一套智能化变电站可视化诊断系统工具，并在铜陵电网运用，结果表明其运行可靠，分析结果简洁明晰，设计的各模块功能正常，极大提升了智能变电站二次设备运维水平。部分创新成果如图5.7.2所示。

图5.7.2　部分创新成果

三、创新点

（1）接口多样化，可方便地进行不同功能的扩展，同时能够对光源功率进行有效计量。

（2）可对包含全站所有信息的SCD文件进行全方位有效展现。

（3）基于改进的Linux内核，对变电站数据进行分类，通过内存共享和FPGA实现单机实时监听和捕获百兆级别链路层通信数据。

（4）采用高可视化方式，实现报文数据的动态展现，以及高可视图上的动态渲染。

四、项目成效

现场应用效果达到预期目标，相关应用示例如图5.7.3～图5.7.6所示。

图 5.7.3　基于 SCD 的二次回路可视化管理

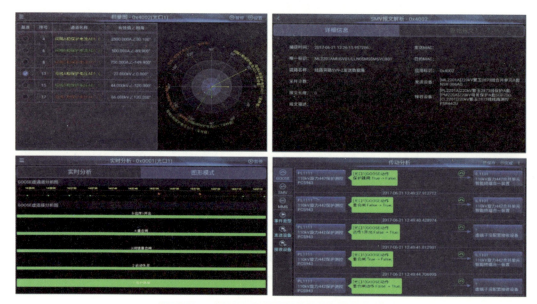

图 5.7.4　智能站 SV/GOOSE 报文深度分析

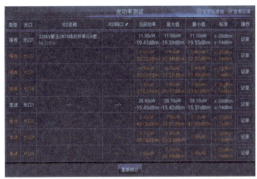

图5.7.5 装置传输光功率测试

图5.7.6 现场测试图

项目成员 韩少卫 苏建明 姚 晖 汪年斌 黄 扉 曾伟华 朱 宁
陈允凯 许云鹏 渠国州 赵 磊

项目8
基于运维数据分析的特高压站设备状态诊断评价系统

国网安徽检修公司

一、研究目的

在特高压变电站中,运维人员需要综合对比状态检测传感器、智能巡视单兵装备以及巡检机器人等采集的数据,诊断评价特高压设备健康状况。然而目前特高压站巡检机器人、后台监控系统、在线监测装置以及日常运维数据抄录终端等数据源的融合共享及联动功能不完善,且人工无法对所得大量数据进行科学智能的分析,综合进行全方位的比对,不能及时发现特高压设备的缺陷隐患。

本项目基于大数据分析、人工智能、专家系统的一体融合,为特高压站内设备建立了一套严密的健康监控体系,以大量的数据采集为基础,远期数据源包括设备厂家的设计数据、安装资料、现场长期的运行表计数据及检修试验数据,运用数学建模、大数据分析、人工智能、专家系统对设备异常等进行预警和智能诊断,自动判断是运行设备所处环境变化造成的异常,还是设备长期运行导致的故障,并得出唯一的结论。通过对同类型数据的分析、比对,对不同类型数据的关系分解,预测诊断设备运行趋势,能够提前预测潜在的问题,更新到设备主人二维码中及时提醒设备主人处理。该系统的推广应用可大幅降低设备故障发生率,提高超特高压设备可用系数,提升超特高压设备本质安全水平。

二、研究成果

特高压芜湖站已投入运行接近4年,在其基建、运维、检修过程中积累了大量宝贵的一手资料,如何将这些资料有效利用起来是芜湖站面临的新课题。通过集思广益和群策群力,建立"设备状态诊断系统"的想法应运而生。特高压芜湖站将站内设备台账参数、投运前试验参数、运行记录数据、巡视记录参数、带电检测参数、在线监测参数、检修试验参数、保护信息参量以及缺陷/故障参数等电子资料进行整合梳理,分门别类,根据设备状态信息的更新频率,可以将上述不同来源的状态信息划分为静态参数、动态参数和准动态参数,如图5.8.1所示。

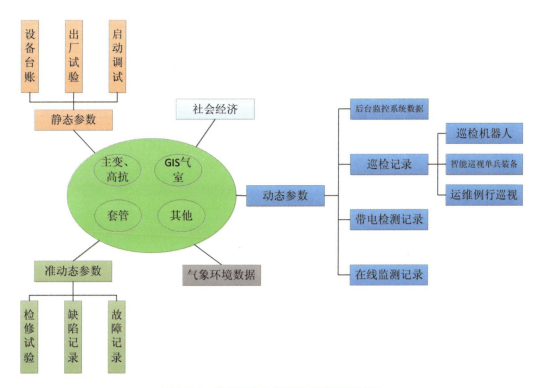

图5.8.1 特高压设备状态诊断系统数据源

特高压设备状态诊断系统的通信网络可根据变电站的环境特性、项目实施情况、现有资源以及信息采集的数据量、实时性要求等选择合适的通信协议。整个系统的通信网络目前由站内通信网络构成,未来技术条件成熟可拓展至远程外网传输,如图5.8.2所示。

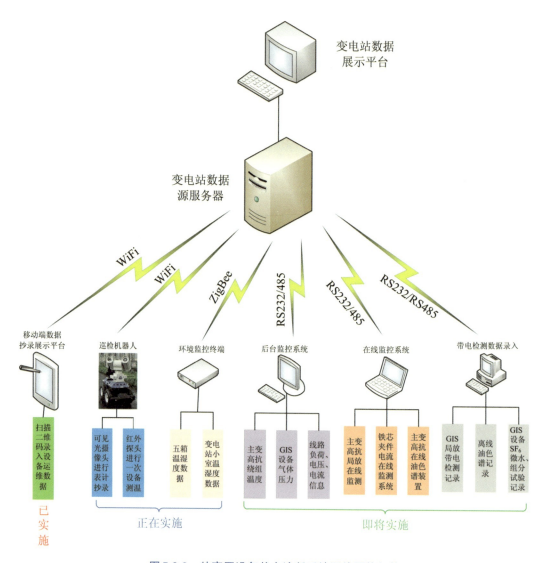

图 5.8.2 特高压设备状态诊断系统通信网络架构

变电站站内网络(station area network,SAN)是变电站监测数据传输系统中重要的结构基础。SAN通过集成特高压运维监测评价系统数据源的传输网络,确保监测数据传输可靠。SAN采用有线和无线两种通信方式,有线通信方式主要针对基建已实现的变电站后台监控系统、部分在线监测数据的传输,相比于有线网络,无线网络的安装维护更为简便,主要适用于变电站后期投入使用的巡检机器人、智能巡视单兵装备巡视数据以及变电站环境数据的传输录入。芜湖站将使用WiFi、ZigBee这两种近距离无线通信技术,WiFi针对巡检机器人、移动端数据抄录巡视数据,具有传输数据量大、传输实时等优点;ZigBee技术适用于站内布点多、功耗小、节点布置简便快捷的变电站五箱温湿度传感器。

由图5.8.2可以看出,移动端数据抄录展示平台、巡检机器人、后台监控系统、在线监测系统、带电检测数据录入系统、环境监控终端分别采集对应数据,通过SAN

将数据传输至变电站数据源服务器,经过数据源服务器的整合处理,并根据专家库中设备台账、出厂试验、检修试验、故障缺陷记录信息,同时比对其他变电站运维数据,通过大数据挖掘分析,最终得到变电站设备状态诊断结论,反馈在变电站数据展示平台展示供运维人员开展设备状态巡视参考。此外,变电站数据源服务器会结合变电站设备状态诊断结论在设备主人二维码中更新各设备主人责任设备维护建议,设备主人需及时反馈设备维护结果。

目前,特高压芜湖站已实现日常运维数据录入、展示诊断功能。图5.8.3是该系统的录入界面,扫描粘贴于设备表面的嵌入式二维码,即可进入录入界面,可实现日常运维数据的痕迹化录入,确保数据抄录责任可追溯,做实设备基础数据录入。图5.8.4是该系统的诊断展示界面,可用曲线、直方图等简洁明了的方式展示设备运行状况,做优设备运维数据利用。

下一步,特高压芜湖站将进一步探索研究,集成巡检机器人、后台监控系统、在线监测系统、环境监控终端数据源接入,做实基础数据录入;对同类型数据分析、比对,对不同类型数据关系分解,进行大数据挖掘分析算法选择,做优运维数据利用;深化设备状态评价机制,畅通设备监测评价沟通反馈渠道,实现做强设备状态监测评价的目标。

图5.8.3 运维数据录入界面

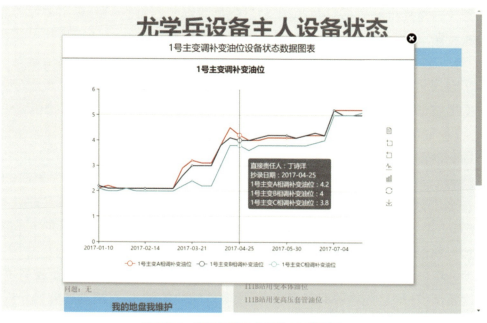

图 5.8.4　设备运行状态展示、诊断界面

三、创新点

基于该系统的探索研究,已获得1项实用新型专利授权,还有2项专利、1篇论文正在申报、联系发表中。本项目产品可充分利用检修公司特高压芜湖站基建、运维、检修过程中积累的大量宝贵一手资料,挖掘设备运维信息,进行设备状态综合诊断评价,为设备主人提供设备运维依据,提前发现设备隐患,大幅降低设备故障发生率,提高特高压设备可用系数,体现了检修公司特高压芜湖站"做实基础数据录入,做优运维数据利用,做强设备状态监测"的设备运维管理思路。该系统具有以下特点:

(1) 巧妙利用设备二维码。扫描粘贴于现场设备的二维码,即可进入该设备主人设备状态诊断展示界面。为保证信息安全,扫描二维码操作可单机不联网进行。

(2) 人工巡检数据信息化。通过手机、平板痕迹化录入日常运维数据,巡检过程中也能随时调阅设备历史数据,提升运维工作效率。

(3) 数据诊断评价有依据。通过多数据源的融合共享,实现同类数据分析比对、不同类型数据关系分解,及时反映设备缺陷隐患。

(4) 设备运维管控可闭环。变电站数据源服务器会结合设备状态诊断结论在设备主人二维码中更新提出责任设备维护建议,设备主人需及时反馈设备维护结果。

四、项目成效

项目由运维人员自主开发,产品功能贴近现场需求。项目已获得1项实用新型专利授权,此外,基于该项目的1项技术成果"互联网加在超特高压电网设备主人制运维模式下的研究及应用"获得第六届(2017年)全国电力行业设备管理创新成果技术类二等奖。如图5.8.5所示。

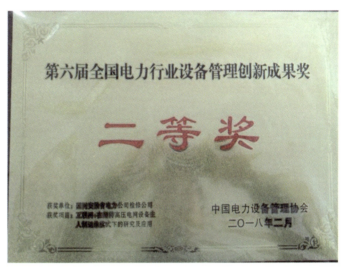

图5.8.5　专利及第六届全国电力行业设备管理创新成果获奖照片

该成果已在检修公司特高压芜湖站、500 kV楚城变、500 kV当涂变现场应用,正逐步推广至其他变电站。系统仅需完成设备、人员编辑,即可复制应用于其他变电站。

该系统的推广应用提高了运维数据信息化水平,有效提升了运维工作效率,降低了人员劳动强度。以一座500 kV变电站为例,传统工作模式下完成全站表计抄录、相关数据状态分析,至少需2人工作6小时,使用该系统后则仅需1人工作2小时,每次节约工时10人·小时,年节省工时1560人·小时,按人工成本每人每小时65元计算,预计节约成本10.153万元。本项目由运维人员自主开发,系统可接入移动作业终端,现场布置成本可以忽略,项目收益显著。更为重要的是,项目产品可提高运检工作质效,大幅降低设备故障发生率,提高超特高压设备可用系数,提升超特高压设备本质安全水平。

项目成员　翁良杰　朱仲贤　刘　翔　夏友森　丁玲莉　王安东　王雄奇　胡　可　蒋欣峰　黄军军　房姗姗　骆　玮